ÉTUDE

SUR LES

ANÉMIES DE LA PREMIÈRE ENFANCE

ET SUR

L'ANÉMIE INFANTILE PSEUDO-LEUCÉMIQUE

PAR

Le Dr Charles LUZET

Ancien interne, lauréat des hôpitaux
Ancien moniteur de trachéotomie à l'hôpital Trousseau

PARIS
G. STEINHEIL, ÉDITEUR
2, RUE CASIMIR-DELAVIGNE, 2
1891

ÉTUDE

SUR LES

ANÉMIES DE LA PREMIÈRE ENFANCE

ET SUR

L'ANÉMIE INFANTILE PSEUDO-LEUCÉMIQUE

DU MÊME AUTEUR

Dilatation des bronches de tout un poumon, par broncho-pneumonie chronique, consécutive à la rougeole. — *Bull. de la Soc. anat.*, p. 347, mars 1888.

Existe-t-il des rechutes de rougeole? — *Revue mens. des mal. de l'enfance* p. 1, 1er janvier 1889.

Note sur un cas de paralysie du nerf cubital à l'avant-bras, chez une enfant de 7 ans. — *Revue mens. des mal. de l'enfance*, 1er mai 1889.

Étude sur un cas de cirrhose hypertrophique graisseuse. — *Arch. de méd. exp.*, p. 282, 1er mars 1890.

Cancer des deux ovaires, comprimant le rectum. — Péritonite cancéreuse. Pleurésie hémorrhagique. Mort. Autopsie. Revue clinique. — *Arch. gén. de méd.*, t. I, p. 470, avril 1890.

Rétrécissement de l'artère pulmonaire, avec cyanose. — Reins scléreux congénitaux avec malformation d'un uretère. Mort par urémie. Autopsie. — *Arch. gén. de méd.*, t. I, p. 725, juin 1890.

Des agents infectieux du paludisme. Revue critique. — *Arch. gén. de méd.*, t. II, p. 61, juillet 1890.

Un cas d'anémie dite pernicieuse. Guérison. (Comm. à la Soc. clinique.) — *France médicale*, p. 450, 18 juillet 1890.

Contribution à l'étude de la péricardite tuberculeuse. (Péricardite tub. s'accompagnant de tachycardie persistante.) — *Rev. de méd.*, n° 9, p. 770, 1890.

Vaste abcès du lobe frontal droit, sans paralysies ni contractures. ayant donné pendant la vie le tableau clinique de la méningite tuberculeuse. — — *Arch. gén. de méd.*, t. II, p. 590, novembre 1890.

EN COLLABORATION :

Avec M. V. HANOT. — **Note sur le purpura à streptocoques au cours de la méningite cérébro-spinale streptococcienne.** Transmission du purpura de la mère au fœtus. — *Arch. de méd. expér.*, p. 772, n° 6, 1er nov. 1890

Avec M. CH. ETTLINGER. — **Étude sur l'endocardite puerpérale droite et sur ses complications pulmonaires subaiguës.** — *Arch. gén. de méd.*, t. I, 1er janvier 1890.

IMPRIMERIE LEMALE ET Cie, HAVRE

ÉTUDE

SUR LES

ANÉMIES DE LA PREMIÈRE ENFANCE

ET SUR

L'ANÉMIE INFANTILE PSEUDO-LEUCÉMIQUE

PAR

Le Dr Charles LUZET

Ancien interne, lauréat des hôpitaux
Ancien moniteur de trachéotomie à l'hôpital Trousseau

PARIS

G. STEINHEIL, ÉDITEUR

2, RUE CASIMIR-DELAVIGNE, 2

1891

AVANT-PROPOS

C'est pour nous un devoir, de remercier actuellement les maîtres, dont les leçons de chaque jour nous ont ouvert différentes branches de la médecine.

Nous inscrirons donc en première ligne M. le professeur Hayem, qui nous a reçu dans son service, successivement comme externe en 1884, puis comme interne en 1889. Il a bien voulu, après nous avoir par ses conseils, fourni les moyens de mener à bien ce travail, accepter la présidence de notre thèse, nous l'en remercions vivement.

Adressons aussi nos remerciements à M. le Dr Delens, auprès de qui nous avons passé notre première année d'internat en 1887, et qui nous a montré la plus grande bienveillance pendant tout le cours de nos études.

A M. le Dr Ollivier, notre maître d'internat en 1888 à l'hôpital des Enfants-Malades, chez qui nous avons trouvé plus qu'un maître. Nous ne saurions assez le remercier de l'intérêt qu'il nous a toujours porté et des conseils qu'il nous a prodigués.

A M le Dr Hanot, qui nous a accueilli comme externe en 1886, puis comme interne en 1890. Nous avons pu pendant ce temps apprécier la valeur du clinicien aussi bien que de l'homme ; qu'il veuille bien accepter ce modeste témoignage de gratitude.

Nous n'oublierons pas non plus M. le Dr Cadet de Gassicourt, qui nous a permis de puiser dans son service, à l'hôpital Trousseau, des éléments indispensables à la rédaction de ce travail ; ni M. le Dr Berger, chez lequel nous avons trouvé un bienveillant accueil. pendant notre première année d'externat à la Charité en 1883.

Enfin que nos autres maîtres dans les hôpitaux, MM. les Drs Duguet, Danlos, Nélaton, Chantemesse, Thibierge, que M. le Dr Gombault, qui nous a enseigné l'histologie pathologique, veuillent bien nous permettre de leur adresser nos remerciements.

M. le Dr Labadie-Lagrave a bien voulu nous conseiller depuis le début de nos études et nous donner les preuves de son bienveillant intérêt, nous profitons de cette occasion pour lui faire part de notre profonde gratitude.

ÉTUDE

SUR LES

ANÉMIES DE LA PREMIÈRE ENFANCE

ET SUR

L'ANÉMIE INFANTILE PSEUDO-LEUCÉMIQUE

INTRODUCTION

L'histoire des anémies infantiles a constitué, jusqu'à ces dernières années, une des parties les moins explorées de l'hématologie. Les traités classiques de pédiatrie modèlent en effet leurs descriptions sur celles de ces maladies chez l'adulte. Mais si une telle manière de procéder est justifiée pour la seconde enfance, il n'en est pas ainsi pour la première période de cet âge et en particulier pour le nourrisson.

A priori, l'étude du développement du sang chez le nourrisson, la connaissance de la disparition successive, qui se fait chez lui, de l'activité spéciale des différents organes hématopoétiques, étaient autant de raisons pour penser qu'un trouble dans cette disparition, voire même que la réapparition partielle de l'hématopoèse dans des organes dont l'évolution, le passage à l'état adulte sont incomplets, devaient nécessairement modifier le tableau anatomique et clinique des anémies.

Jusqu'à présent, les auteurs se sont principalement occupés de savoir de quelle façon les globules rouges pouvaient prendre naissance dans les organes hématopoétiques, et, forcés qu'ils étaient de s'adresser au fœtus, au nouveau-né, aux petits animaux jeunes, qui conservent des caractères fœtaux de la moelle des os et de la rate jusqu'au complet développement de leur vie génitale, c'est-à-dire jusqu'à l'état adulte, ils ne s'étaient occupés qu'incidemment de l'anatomie du sang du nouveau-né et des modifications que lui font subir les maladies de cet âge.

En France, nous ne trouvons qu'un petit nombre de travaux, dus à Lépine, Hayem, Cuffer, Dupérié, Cadet, touchant ce point d'hématologie. A l'étranger la grande préoccupation a toujours été de savoir comment les cellules rouges, produites par les organes hématopoétiques, pouvaient se transformer en globules rouges sans noyau. Et cette direction fausse, provenant de ce que nombre d'auteurs refusent aux hématoblastes d'Hayem, la valeur physiologique que leur assigne celui-ci, a été la cause que l'on a décrit comme physiologique un processus éminemment pathologique chez le nouveau-né, la présence dans le sang de cellules rouges nucléées. En effet, dans les dernières périodes de la vie intra-utérine, l'organisme humain a déjà cessé de fabriquer des cellules rouges, pour ne plus produire que des globules rouges, au moyen des hématoblastes d'Hayem.

On s'est beaucoup occupé dans ces dernières années, surtout à l'étranger et à Lyon, du rôle des globules blancs dans l'évolution du sang et ç'a été là une des premières applications à l'hématologie des nouvelles techniques qu'a introduit en histologie l'emploi des matières colorantes dérivées de l'aniline. C'est là une autre raison pour laquelle les hématologistes ont délaissé les applications de cette science à la clinique au profit des études purement scientifiques.

Cependant un courant s'est récemment formé, en Autriche principalement et l'hématologie avec ses nouveaux procédés a été appliquée à la clinique. Les idées émises par M. Hayem et résumées par lui dans son livre « Du sang » ont trouvé là un commencement de vulgarisation.

C'est pendant le cours de l'année d'internat que nous avons passée dans le service de M. le professeur Hayem, après avoir eu l'occasion d'observer avec lui un enfant mégalosplénique, dont le sang, malgré une anémie relativement peu profonde, présentait les indices certains d'une reprise de l'activité des organes hématopoétiques, que l'idée de ce travail nous est venue. Nous voulions nous borner à l'étude du syndrome que nous avions eu sous les yeux; mais l'étude du sang d'enfants anémiques, qui d'abord nous avaient paru pouvoir en être rapprochés, vint bientôt nous montrer que le processus morbide était bien différent et qu'il y avait lieu d'en faire une classe à part. D'un autre côté il nous fallait des bases solides pour étayer ce travail ; nous avons donc entrepris un travail de critique et de vérification des idées émises par certains auteurs sur la manière d'être de l'hématopoèse chez le fœtus.

Ainsi conçu, ce travail devait donc comprendre une partie anatomique et embryologique et une partie clinique ; mais, afin de mieux dégager la description du syndrome anémie infantile pseudo-leucémique, nous avons adopté la division suivante :

Dans une première partie, où nous étudions les anémies infantiles en général, un premier chapitre comprend l'étude critique des principaux travaux publiés sur l'hématopoèse fœtale; dans un second chapitre, après avoir donné l'exposé de la technique que nous avons suivie, nous résumons nos recherches vérificatives au sujet de l'hématopoèse fœtale. Enfin dans un troisième nous cherchons à appliquer au nouveau-né anémique les notions acquises, en distinguant les cas où l'anémie existe sans mégalosplénie de ceux où l'on constate une tuméfaction de la rate.

La seconde partie est l'étude didactique de l'anémie infantile pseudo-leucémique.

Nous terminons par un exposé général, fait plus spécialement au point de vue hématologique, du diagnostic et du traitement des anémies de la première enfance.

PREMIÈRE PARTIE

De l'hématopoèse fœtale et des anémies infantiles en général.

CHAPITRE PREMIER

HISTOIRE ET CRITIQUE DES TRAVAUX PUBLIÉS SUR L'HÉMATOPOÈSE ENVISAGÉE EN PARTICULIER CHEZ LE FŒTUS

Avant d'aborder l'étude des anémies de la première enfance, il est utile de faire un exposé succinct des notions actuellement reçues au sujet de la formation et de la rénovation des éléments du sang. Le grand nombre d'opinions quelquefois contradictoires a mis dans cette question une telle obscurité qu'un exposé schématique est insuffisant. Nous passerons donc en revue les différentes opinions en présence, indiquant à la fin de chaque paragraphe celles qui nous paraissent se rapprocher davantage de la vérité.

Notre étude portera principalement sur le mode de formation des éléments rouges du sang ; nous exposerons ensuite succinctement ce que l'on connaît de l'origine et de l'évolution des globules blancs.

Pour mettre un peu d'ordre dans cette longue série de travaux, nous ne suivrons pas la chronologie pure ; mais, au risque de quelques répétitions, nous passerons successivement en revue les publications, qui ont trait à chacune des périodes de l'évolution du sang.

Le processus sanguificateur, envisagé chez les mammifères, varie essentiellement, suivant qu'on le considère dans telle ou telle époque de la vie. Il n'a qu'un seul trait commun, c'est de former des éléments aptes à retenir l'oxygène et à servir d'intermédiaires entre le milieu extérieur et les tissus ; que ces éléments soient des cellules rouges munies de noyaux, ou qu'ils soient représentés par des globules rouges sans noyau. On peut lui assigner trois époques ou périodes successives :

1° Une période embryonnaire.

2° Une période fœtale.

3° Une période adulte ou définitive.

Quels sont les caractères de l'hématopoèse dans chacune de ces périodes? comment se succèdent-elles et se remplacent-elles les unes les autres? Quelle est leur durée? dans quelles conditions les états pathologiques et en particulier l'anémie peuvent-ils les faire renaître? C'est ce que nous entreprendrons d'exposer rapidement, d'après les travaux déjà publiés.

Il est utile, avant d'entrer dans les détails de cette étude et afin d'éviter toute confusion, d'établir les désignations que nous choisissons, parmi les nombreuses expressions employées par les auteurs, pour désigner les éléments constitutifs du sang et des organes hématopoétiques.

Il sera donc bien entendu que les éléments rouges sans noyau du sang adulte ou fœtal, sont désignés sous le nom de globules rouges.

Les éléments rouges nucléés, qui se rencontrent en circulation dans le sang, seront désignés sous le nom employé par Kölliker, de cellules rouges, plus abréviatif que celui souvent usité de globules rouges à noyau et indiquant une provenance distincte.

Le mot hématoblaste sans qualification désignera pour nous les petits corpuscules décrits par Hayem, comme les prédécesseurs des globules rouges.

Les grandes cellules à noyau irrégulier, quelquefois à noyaux multiples, qui dans les organes hématopoétiques, donnent naissance aux cellules rouges, seront désignées par le nom d'hématoblastes de Foa et Salvioli.

A. — Genèse des éléments hémoglobinifères. Cellules rouges et globules rouges.

I. Période ovulo-embryonnaire. — Cette période, qui s'étend chez le poulet de la deuxième à la vingt-cinquième heure, est caractérisée au point de vue de l'hématopoèse par le développement des premiers vaisseaux. Mais la difficulté de cette étude est telle que, suivant l'expression de M. le professeur Hayem, on compte à ce sujet presque autant d'opinions que d'auteurs.

Les recherches de Wolff (1) et de Pander (2), confirmées par celles de His (3) et de Remak (4) ont démontré que les premiers vaisseaux naissent dans cette partie de la couche profonde du mésoderme (lame fibro-intestinale), qui constitue l'aire transparente. J. Disse (5) les fait provenir d'un stratum spécial au sang et aux vaisseaux sanguins.

(1) Wolff. Cité par Kölliker. In *Entwickelungsgeschichte des Menschen u. d. höheren Thiere*. 3e édit., 1879.

(2) Pander. *Beiträge zur Entwickelungsgeschichte des Hühnchens im Eie*. Würzburg, 1817.

(3) His. *Arch, f. Anat.*, II, p. 511.

(4) Remak. *Entwickelung der Wirbelthiere*, 1855.

(5) J. Disse. *Die Entstehung des Blutes und der ersten Gefässe im Hühnerei*. Strassburg, 1879.

Wolff admettait que les îles sanguines siègent dans les mailles du réseau vasculaire, représentés par les espaces clairs, interinsulaires. Pander démontra au contraire que les îles sanguines étaient les vaisseaux eux-mêmes et que ces îles, en s'accroissant et en arrivant à se fusionner, constituaient le réseau vasculaire. C'est d'ailleurs cette dernière opinion qui a prévalu.

Quoi qu'il en soit il paraît actuellement démontré (Remack (1), Afanassiew (2), que les premiers globules se développent dans l'intérieur même des vaisseaux. Bien que His (3) ait soutenu l'opinion que les cellules sanguines, formées tout d'abord en dehors des vaisseaux, n'y pénètrent que secondairement.

Kölliker (4) poussa plus avant l'étude du sang embryonnaire et démontra que les premiers globules du sang, qui apparaissent chez l'embryon, sont, dans les mammifères aussi bien que dans les oiseaux, constitués par des cellules d'abord incolores, situées dans les cordons pleins qui forment les premiers rudiments des vaisseaux. Consécutivement du liquide s'accumule dans la cavité, soit dans l'axe, soit à la périphérie et provoque la dissociation de ces éléments cellulaires. Dans ces « berceaux des globules sanguins », comme dit Kölliker, les cellules d'abord toutes identiques se différencient : les périphériques prennent l'aspect de cellules endothéliales vasculaires, les centrales deviennent sphériques et consécutivement se chargent de matière colorante, après avoir perdu les granulations de leur protoplasma. Ainsi se constituent des éléments hémoglobinifères, des cellules rouges, dont le diamètre varie chez l'homme de 9 à 15 μ (Kölliker) et chez la brebis (5) de 14 à 14 μ, un certain nombre restant petits avec un diamètre de 5 à 7 μ (Paget).

Le début de la formation des cellules hématiques se fait dans la première moitié du 2e jour de l'incubation chez le poulet (Remak) et cesse chez l'embryon de mouton de 25 millim. de long (Kölliker). Ce n'est qu'au 5e jour de l'incubation qu'apparaissent les premiers leucocytes sous forme de cellules incolores plus petites que les précédentes, mais dont on ne connaît pas l'origine (Kölliker).

Depuis les remarquables travaux du professeur de Würzburg, différents auteurs se sont occupés de la question et ont émis des opinions notable-

(1) REMACK. *Loc. cit.*

(2) AFANASSIEW : Ueber die Entwickelung der ersten Blutbahnen im Hühnerembryo. *Wiener Sitzungsb.* LIII, p. 560, 1866.

(3) HIS. *Loc. cit.*

(4) KÖLLIKER : *Eléments d'histologie humaine.* Paris, 1871, p. 823 et 2e éd. d'après la 5e allemande. Paris, 1878, p. 823. Ueber die Blutkörperchen eines menschlichen Embryo u. d. Entwickelung. d. Blutkörperchen bei Säugeth. *Zeitschr. f. rat. Med.* 1846, t. IV, p. 112, et *Embryologie.* Trad. franç. de A. SCHNEIDER sur la 2e éd. allem. Paris, 1882. Les premiers vaisseaux, p. 163.

(5) PAGET. Cité par KÖLLIKER. *Embryologie.*

ment différentes de la sienne. Oehl (1) fait provenir les cellules rouges de l'embryon, non des cellules embryonnaires directement, mais de leurs noyaux. Klein (2) admet que, pour former les cellules rouges, un élément devient vésiculaire et que de sa paroi interne naissent des éléments rouges d'abord adhérents, puis libres dans sa cavité. Consécutivement les cellules communiqueraient entre elles et, par la réunion de leurs cavités, constitueraient un système capillaire.

Götte (3) admet que dans l'aire vasculaire il se fait une accumulation de liquide, qui a pour résultat d'éloigner les uns des autres les éléments et de former ainsi un réseau, dans les mailles duquel les cellules formatrices donnent naissance par une sorte d'endogenèse aux amas de globules, dits îles sanguines des auteurs précédents.

Pour Forster (4) les globules rouges proviennent de la prolifération des noyaux existant aux points nodaux d'un réseau protoplasmique, qui par métamorphoses successives arrive à ne plus former qu'un réseau vasculaire.

L'opinion de Ranvier (5) s'en approche, mais cet auteur entre dans une description plus détaillée. Les cordons capillaires primitifs sont tout d'abord formés de cellules placées bout à bout : aux points d'anastomose, le nombre des noyaux est relativement plus considérable. Là se produisent les premières cavités vasculaires, par accumulation d'un liquide sécrété par la paroi. Alors certaines cellules mises en liberté dans la cavité, tout d'abord peu nombreuses et uninucléées, subissent une multiplication du noyau et la cellule formatrice du sang se transforme en une boule remplie de noyaux. Ces boules se désagrègent et les noyaux entourés chacun d'une mince couche de protoplasma, sont mis en liberté et constituent les premiers corpuscules rouges.

Leboucq (6) croit que les cordons cellulaires primitifs sont constitués par une masse de protoplasma semée de noyaux, dans laquelle naissent les éléments sanguins.

J. Disse (7) exclut toute participation de la paroi à la formation des globules rouges du sang.

(1) OEHL. *Manuale di fisiologia.* Milano; t. II, p. 9.

(2) KLEIN. *Centralbl. f. d. med. Wiss.*, 1872, p. 110. Das mittlere Keimblatt in seinen Beziehungen zur Entwickelung der ersten Blutgefässe und Blutkörperchen in Hühnerembryo. *Wiener Sitzungsb.*, LXIII, 1871.

(3) GŒTTE. Die Bildung der Keimblätter und des Blutes im Huhnerei. *Arch. f. mikr. Anat.* Bd X, 1874.

(4) FORSTER and BALFOUR. *The elements of embryology.* Part. I. London, 1874, et trad. franç. Paris, 1877, p. 79.

(5) RANVIER. *Traité technique d'histologie*, p. 639. Paris, 1881.

(6) LEBOUCQ. *Recherches sur le développement des vaisseaux et des globules sanguins*, p. 10, 1876.

(7) J. DISSE. *Loc. cit.*

Todaro (1) a constaté sur la salpe, que les globules rouges proviennent d'un élément spécial se divisant ainsi que son noyau en quatre sphères. La multiplication continue avec cette régularité, jusqu'à ce que les éléments, après avoir perdu leur noyau, passent dans le réseau lacunaire du tissu conjonctif, d'où ils arrivent dans les vaisseaux sanguins. Nous croyons que cet auteur n'a vu là que le mode d'hématopoèse par cellules vaso-formatrices, que nous allons décrire plus bas.

Renaut (2) compare les globules embryonnaires à ceux des cyclostomes. Il admet la théorie de Kölliker et distingue deux ordres de globules : les circulaires et les elliptiques, les premiers nombreux, les seconds rares. La surface de leurs noyaux est uniforme, quelquefois plissée et bouillonnée, mûriforme. « Le sang embryonnaire de tous les vertébrés, dit-il, est identique ; ses globules rouges sont toujours constitués par un corps cellulaire individualisé par un noyau et chargé d'hémoglobine. Mais tandis que les ovipares seuls conservent ce type primordial comme définitif, chez les mammifères il répond à un état purement transitoire du liquide sanguin. »

En résumé, il paraît certain que c'est dans l'intérieur même des vaisseaux primitifs, que se fait, aux dépens d'éléments différenciés ou non, le développement des premiers globules rouges. Mais le fait à retenir, c'est que la poussée hématopoétique embryonnaire donne naissance chez les mammifères aussi bien que chez les vertébrés inférieurs, à des cellules rouges, c'est-à-dire à des éléments hémoglobinifères, munis d'un noyau et par conséquent bien différents des globules rouges adultes. Kölliker a constaté que ces cellules rouges sont susceptibles de se diviser dans le sang lui-même et décrit ainsi ce processus dans son traité d'histologie : « Les cellules rouges grossissent, deviennent elliptiques et s'aplatissent même en partie, atteignent 20 μ sur 9 à 13, renferment deux, rarement trois à quatre noyaux arrondis. Enfin un étranglement de leur surface les divise en autant de cellules nouvelles ».

II. Période fœtale. — A cette période, nous voyons les choses se compliquer, car, si l'hématopoèse dans les réseaux de l'aire transparente a cessé de se produire, le fœtus en se développant a besoin d'autres sources de globules rouges et ces sources sont multiples.

D'une part le tissu conjonctif, alors en pleine formation, donne naissance, au moyen des cellules vaso-formatives de Ranvier, à des globules rouges adultes, discoïdes et sans noyau. D'autre part certains organes, dits pour cette raison hématopoétiques, entrent en fonction et fabriquent des cellules rouges nucléées plus ou moins sphériques, pendant une durée

(1) Todaro. *Richerche fatte nel lavoratorio di anatomia normale in Roma. Supra li sviluppo e l'anatomia delle salpe*, p. 41 et suiv.

(2) J. Renaut. Art. Hématie, in *Dict. encycl. d. sc. méd.* Série IV, t. XII, p. 728. Paris, 1886. — *Histologie pratique*, fasc. I, p. 148. Paris, 1889.

variable pour chacun d'eux. Ces organes sont le foie, la rate, la moelle des os et les ganglions lymphatiques.

En outre, et le fait est certain pour la deuxième partie de la vie fœtale, il se forme des hématoblastes d'Hayem, comme dans la période adulte de l'existence. Mais, comme ce qui a trait à cette fonction chez le fœtus est encore parfaitement inconnu, sauf la constatation même de la présence des hématoblastes, nous renvoyons pour cette étude à l'exposé que nous en faisons plus bas, à propos de la période adulte de l'hématopoèse.

Nous allons étudier successivement ici : 1° le rôle sanguiformateur des cellules vaso-formatrices de Ranvier ; 2° le rôle des organes dits hématopoétiques.

a) Hématopoèse dans les cellules vaso-formatives. — Cette variété de formation du sang est décrite par Renaut sous le nom de poussée vaso-formative ou de tissu conjonctif. « Cette poussée, dit-il, commence dans les premiers mois de la vie intra-utérine et se continue au sein du tissu conjonctif, dans les membranes séreuses, telles que l'épiploon, et dans les poussées adventives d'ordre formatif, aussi longtemps que se poursuivra la croissance, soit dans l'organisme en général, soit dans certains points de ce dernier, lorsque l'état adulte a été acquis. » Très accessoirement cette formation se fait dans les néomembranes des séreuses.

Pour cette partie de l'hématopoèse les idées sont actuellemeat bien fixées.

Ranvier (1) a parfaitement établi comment, au sein des taches laiteuses de l'épiploon, se forment les cellules vaso-formatives, indépendamment des vaisseaux, avec lesquels elles ne se mettent en communication qu'ultérieurement. Dans le protoplasma de ces éléments naissent des globules sans noyau et chargés d'hémoglobine. Je ne m'appesantirai pas sur ces faits bien connus, J'ajouterai seulement que ces cellules paraissent identiques à celles que Wissotzki (2) a décrites sous le nom d'hématoblastes dans les membranes de l'embryon du lapin. Scheffer (3) a trouvé dans le tissu sous-cutané de jeunes rats des cellules plus ou moins remplies de globules rouges.

M. le professeur Hayem (4), a décrit dans ces cellules des éléments qu'il considère comme des hématoblastes. « On aperçoit, dit-il, dans les éléments vaso-formatifs, des globules rouges de diverses dimensions et en outre des corpuscules d'aspect céroïde plus volumineux et plus réfringents que les granulations protoplasmiques. Ces corpuscules ont exactement les

(1) RANVIER. *Traité technique d'histologie*, p. 628. Paris, 1881.

(2) WISSOTZKI. Ueber das Eosin als Reagens auf Hämoglobin und die Bildung von Blutgefässen bei Säugethier-und Hühner-embryonen. *Arch. f. mikr Anat.*, Bd XIII, p. 479, 1876.

(3) SCHEFFER. *Proceedings of the Royal Society*, 1874, n° 151.

(4) HAYEM. *Du Sang*, etc., p. 550. Paris, 1889.

mêmes caractères que les hématoblastes du sang en général. J'ai pu examiner les préparations de M. Hayem et constater la présence de ces granulations, qui prennent l'éosine comme les globules rouges, tandis que les granulations protoplasmiques restent colorées en violet pâle par l'hématoxyline. C'est là un fait important, au point de vue de l'origine si obscure des hématoblastes.

b) *Hématopoèse dans les organes dits hématopoétiques.* — Nous allons passer successivement en revue les travaux qui ont été faits sur cette question si importante, si obscure encore et si controversée. D'après l'ordre d'apparition de la fonction formatrice du sang dans les différents organes, nous étudierons successivement le foie, la moelle des os, la rate et les ganglions lymphatiques.

1° Hématopoèse dans le foie fœtal. — C'est à Kölliker (1) que nous devons les premières notions précises sur le rôle du foie dans l'hématopoèse. Avant lui cependant des recherches histologiques avaient été faites par Reichert, Weber et Fahrner.

Reichert (2) avait trouvé dans le foie embryonnaire de grands éléments remplis de cellules, de noyaux et d'éléments intermédiaires entre les premières et les vrais globules rouges du sang. Il supposait de plus que ces éléments passent dans la circulation.

Weber (3) croyait que les cellules hépatiques pouvaient donner naissance à des globules rouges, qui se déverseraient ensuite dans les vaisseaux voisins.

Fahrner (4) trouva dans le foie de l'embryon de chèvre des cellules rouges en voie de division et des formes de passage entre elles et les globules rouges. Il distingua nettement ces éléments des cellules hépatiques.

Kölliker (5) confirma tout d'abord les vues de son élève Fahrner et fit de l'hématopoèse hépatique un succédané de l'hématopoèse embryonnaire. Il admit que le foie agit de deux façons : en favorisant la multiplication des globules rouges embryonnaires préexistants et en transformant en cellules rouges les cellules incolores que la veine ombilicale y déverse continuellement. Il constata en 1854 que cette forme d'hématopoèse continue chez le nouveau-né et qu'il existe dans le foie des cellules à noyau bourgeonnant. Mais en 1857 il modifia sa manière de voir (6), parce qu'il avait rencontré dans la rate, aussi bien que dans le foie, des éléments multinu-

(1) KÖLLIKER. *Embryologie*, loc. cit.; *Histologie*, loc. cit., 1854. Ueber Resorption des Fettes u. s. w., *Würzburger Verhandlngn.*, VII, p. 188, 1857.

(2) REICHERT. *Entwickelunsgleben im Wirbelthierreich*, 1840.

(3) WEBER. *Zeitschr. f. rat. Med.* Bd IV, 1845.

(4) FAHRNER. *De globulorum sanguinis in mammalium embryonibus atque adultis origine.* Turici, 1845.

(5) KÖLLIKER. *Histologie*, loc. cit.

(6) KÖLLIKER. Ueb. Resorption, etc., *loc. cit.*

cléés, des éléments incolores et des formes de passage. Il dépouilla partiellement le foie de la fonction hématopoétique, pour la reporter à la rate. Il croit que le rôle hématopoétique du foie n'est soutenable que du 2e au 5e mois de la vie intra-utérine et qu'à ce moment la rate prend le rôle principal. Il va même jusqu'à dire que c'est la rate qui fournit les cellules rouges et que le foie se borne à les faire passer à l'état adulte.

Nous ne citerons que pour mémoire le travail de Gerlach (1), qui avait vu dans le foie embryonnaire des cellules contenant des globules rouges; mais qui a convenu depuis avec Kölliker (2) et Ecker (3) qu'il ne s'agissait que d'artifices de préparation.

Schaffner (4) nie aussi l'existence des cellules de Gerlach; mais il voit dans le foie des têtards et dans les embryons de mammifères de nombreuses cellules incolores et des formes de passage entre elles et les cellules rouges parfaites.

Remak (5) décrivit dans le foie d'embryons de lapins et de veaux de grosses cellules à noyaux multiples, susceptibles de se décomposer en cellules filles uninucléées plus petites. Kölliker et Henle regardent ces éléments comme parasitaires.

Schenck (6) décrit, sans leur attacher de signification spéciale, de grands corps protoplasmiques contractiles, munis de un ou plusieurs noyaux. Ces grandes cellules, qu'il a vues chez le lapin, le chien, le porc ressemblent aux grandes cellules décrites par Peremeschko (7) dans la rate de l'embryon.

Weber (8), Zehmann, Moleschott (9) admirent indirectement la participation du foie à l'hématopoèse. Funcke (10) ne la croit pas prouvée.

Un pas important de la question est marqué par le travail de Neumann (11) (1874). Cet auteur constate dans le foie embryonnaire la présence de nombreux globules rouges nucléés. Comme d'autre part on ne peut les faire provenir de la rate, ou d'un autre organe quelconque à cette époque de la vie, il admet dans le foie une production réelle de cellules sanguines, corrélative du développement des vaisseaux. Il affirme que le

(1) GERLACH. *Zeitschr. f. rat Med.*, VII, p. 79, 1847.

(2) KÖLLIKER. *Zeitschr. f. wiss. Zoologie*, II, p. 17.

(3) ECKER. *Ibidem*, II, p. 276.

(4) SCHAFFNER. *Zeitsch. f. rat. Med.*, VII, p. 17.

(5) REMAK. Ueber vielkernige Zellen der Leber. *Müller's Arch.*, p. 97, 1854.

(6) SCHENCK. Protoplasmakörper in der embryonalen Leber. *Centralbl. f. d. med. Wiss.*, p. 865, 1869.

(7) PEREMESCHKO. Ueber die Entwickelung der Milz. *Sitzungsb. d. wien. Akad. d. Wiss.*, 1867.

(8) WEBER. *Loc. cit.*

(9) MOLESCHOTT. *Müller's Arch.*, p. 73, 1856.

(10) FUNCKE. *Lehrb. d. Physiol.*, 5e éd., p. 141, Leipzig, 1870.

(11) E. NEUMANN. Neue Beiträge z. Kenntniss d. Blutbildung. *Arch. der. Heilk.*, 2 nov., 1874.

sang des veines hépatiques contient plus de cellules rouges que celui de la veine porte et que le sang tiré du foie en contient autant que celui qui provient des veines sus-hépatiques. Il distingue même dans le sang deux sortes de noyaux libres, les uns d'origine sanguine, les autres provenant des cellules du foie. Ces deux sortes d'éléments ont des caractères parfaitement distincts.

En 1879, Foà et Salvioli (1) ont repris les travaux de Neumann et recherché comparativement dans le foie, la rate, la moelle des os et les ganglions lymphatiques, par des dissociations et des coupes, les éléments hématopoétiques et leurs produits. Pour ce qui a trait au foie, étudié surtout chez le fœtus de veau, ils distinguent dans les dissociations en outre des cellules hépatiques : 1° des cellules rouges de 6 à 8 μ, plus ou moins chargées d'hémoglobine, contenant un noyau ordinairement unique et central, tandis que d'autres de 12 à 15 μ renferment deux, trois et même six noyaux. Ils ne sont donc pas d'accord avec Neumann, qui dit n'avoir pas trouvé de formes de division nucléaire ; 2° des éléments semblables aux précédents, mais non hémoglobinifères ; 3° des noyaux libres semblables à ceux des cellules rouges ; 4° de grands corps protoplasmiques circulaires ou irréguliers et munis de pointes. Ces éléments qu'ils nomment hématoblastes mesurent 30 à 45 μ et plus, leur noyau est bourgeonnant et semblable à celui des grandes cellules décrites par Bizzozero dans la moelle osseuse. Il existerait dans leur protoplasma une partie périphérique granuleuse et une centrale hyaline ; celle-ci seule se diviserait avec le noyau, pour concourir avec lui à la formation des petites cellules. Chez l'homme on retrouve les mêmes faits, sauf quelques différences de détails, portant sur le mode de division, qui au lieu de se faire par gemmation a lieu par division du noyau, puis individualisation de petites sphères protoplasmiques autour de chaque noyau secondaire.

Les coupes montrent le foie infiltré d'une multitude d'éléments jeunes (2). Les rangées de cellules hépatiques sont interrompues soit par des nids de petites cellules hématiques, soit par des éléments à noyau bourgeonnant. Amas de petites cellules et grandes cellules sont généralement en contact avec les capillaires, dont ils ne sont séparés que par la mince paroi du vaisseau,

2° H é m a t o p o è s e d a n s l a r a t e f œ t a l e. — Ici, peut-être encore plus que pour le foie, les opinions sont extrêmement divergentes : certains auteurs regardent la rate comme l'organe hématopoétique par excellence, d'autres lui refusent toute participation à la genèse du sang.

Funcke (3), le premier chercha à démontrer le rôle hématopoétique de la

(1) P. Foa et G. Salvioli. Sull'origine dei globuli rossi del sangue. *Arch. p. l. Sc. med.*, IV, 1 et *lo Spallanzani*, fisc. 2, anno VIII, Modena, déc. 1878.

(2) Aussi Neumann en 1871 avait-il décrit dans le foie embryonnaire un système lymphatique, qu'Eberth avait cru voir dans le foie des amphibiens.

(3) Funcke. *Handbuch d. Physiol.* 2° éd., p. 157.

rate, prétendant y trouver aisément tous les éléments intermédiaires aux globules blancs (premier stade) et aux cellules rouges (dernier stade).

Kölliker (1) montra qu'on retrouve ces éléments ; mais avec quelque difficulté chez les animaux nouveau-nés, chez les petits enfants et peut être aussi chez les animaux plus âgés. Nous connaissons déjà les variations de cet auteur, au sujet des fonctions hématopoétiques du foie et de la rate.

Ajoutons seulement qu'il trouva dans la rate fœtale des cellules à noyau bourgeonnant, comme dans le foie. Il a noté aussi des formes de division des cellules rouges et démontré le rôle hématopoétique de la rate embryonnaire.

Neumann (2) (1874) et son élève Freyer (3) nient la fréquence des cellules rouges dans la rate et admettent même que les rares globules rouges à noyau qu'on y voit, y sont à vrai dire un peu plus nombreux que dans le sang en circulation ; mais peuvent fort bien y avoir été charriés par la circulation et s'y être accumulés. Freyer dit même que leur nombre y est le même que dans le sang en circulation.

Au contraire, Bizzozero et Salvioli (4) ont démontré que par les saignées répétées, on peut faire apparaître dans la rate du cobaye et du chien, d'abondantes cellules rouges.

Ces recherches ont été reprises pour le fœtus par Foà et Salvioli (5), qui ont obtenu quelques résultats intéressants. A la fin du 1er mois, intra-utérin, la rate renferme moins d'éléments hématopoétiques que le foie et à peu près autant que le cœur. Au 3e, au 5e et au 7e mois, on constate que le nombre des cellules rouges progresse dans la rate, tandis qu'il diminue proportionnellement dans le foie. Malheureusement, ces recherches ne reposent que sur des examens comparatifs des préparations et non sur des numérations, qui leur auraient donné une plus grande précision. Chez le chien et le chat nouveau-nés, le nombre de ces cellules est considérable. Ils y ont retrouvé les quatre variétés d'éléments qu'ils avaient décrites dans le foie. Pour eux, c'est la pulpe splénique seule qui forme des cellules rouges, les corpuscules de Malpighi ne donnant naissance qu'à des globules blancs.

Indiquons seulement les travaux de Bizzozero (6), Bizzozero et Torre (7),

(1) Kölliker. *Gewebelehre*, 5e éd., p. 433.

(2) Neumann. *Loc. cit.*, p. 441.

(3) Freyer. *Ueber die Betheiligung der Milz bei der Entwickelung der rothen Blutkörperchen*, I-D, Königsberg, 1874.

(4) Bizzozero et Salvioli. *Osservatore delle cliniche*, n° 12, 1879 et *Centralbl. f. d. med. Wiss.*, n° 16, 1879.

(5) Foa et Salvioli. *Loc. cit.*, p. 24 du tirage à part.

(6) Bizzozero. *Centralbl. f. d. med. Wiss.* 1881, et *Moleschott's Untersuchungen*, vol. XIII.

(7) Bizzozero et Torre. Sulla produzione delle globuli rossi nelle varie classi dei vertebrati. *Arch. p. l. sc. med.* Vol. VII, n° 24, 1884.

Foà (1) pour arriver à un récent travail de Foà et Carbone (2) qui, à l'aide de nouvelles méthodes de coloration, ont poussé plus avant l'étude analytique des éléments de la rate et de leurs modifications à la suite de la ligature temporaire de la veine splénique. Ce traumatisme déterminant comme la saignée, la régénération du tissu splénique, les données de ces auteurs sont applicables à la rate en voie de développement. Ils distinguent dans la rate douze variétés d'éléments, que l'on peut ramener à six types : 1° des cellules très altérables contenant des corpuscules très analogues aux plaquettes de Bizzozero ; 2° des cellules propres de la rate (cellules pâles), qui peuvent contenir des fragments de chromatine ; 3° des cellules lymphatiques ; 4° des cellules hématopoétiques et des globules rouges à noyau qui en dérivent. Ils y ajoutent la description ; 5° de cellules contenant un corps très réfringent d'aspect graisseux, mais se différenciant de la graisse par ses réactions micro-chimiques et par la possibilité d'y colorer un très pâle réseau chromatique, et 6° de cellules contenant des grains de pigment et des fragments de globules rouges. Ils ne peuvent du reste indiquer les rapports de ces deux derniers ordres de cellules avec les autres éléments.

3° Hématopoèse dans la moelle des os du fœtus. — C'est Neumann (3), qui le premier en 1869, fut amené à attribuer à la moelle des os un rôle actif dans l'hématopoèse, en y constatant chez le nouveau-né un nombre énorme de globules rouges à noyau. La même année, Bizzozero (4) vit aussi les cellules rouges, qu'il regarda comme des globules blancs en voie de se transformer en globules rouges.

Hoyer (5) (1869), étudiant la structure de la moelle des os, fit remarquer son analogie avec celle de la rate, notamment au sujet de la disposition du système sanguin, où veinules et artérioles s'abouchent, non dans des capillaires, mais dans des espaces lacunaires.

Les travaux ultérieurs furent nombreux ; mais se rapportent au rôle de la moelle chez l'adulte (voyez plus bas). Nous étudierons seulement ici ce qui a trait à l'histogénie des globules rouges dans la moelle.

Foà et Salvioli (6), nous fournissent les renseignements qui suivent. Chez l'embryon, l'hématopoèse myélogène est nulle, les os étant encore cartilagineux. Du 1er au 4e mois, intra-utérin, il existe peu de cellules rouges, peu de cellules incolores et très peu de grandes cellules à noyau bourgeonnant. Celles-ci sont d'ailleurs bien distinctes des ostéoclastes de

(1) Foà. Sulla fisiopatologia della milza. *Lo Sperimentale.* Florence, 1883.

(2) P. Foà et T. Carbone. Beiträge z. Histologie u. Physiopathologie der Milz der Saugethiere, 1 pl. *Ziegler's Beiträge*, Bd V, H. 2, p. 227, 1889.

(3) Neumann. *Centralbl. f. d. med. Wiss.*, 10 oct. 1869.

(4) Bizzozero. Sulla funzione ematopoetica del midollo delle ossa. *Gaz. med. Lombarda*, n° 2 et 24, 1869, et *Centralbl. f. d. med. Wiss.*, p. 865, 1868 et p. 149, 1869.

(5) Hoyer. *Centralbl. f. d. med. Wiss.*, p. 244 et 257, 1869.

(6) Foà et Salvioli. *Loc. cit.*, p. 28, du tirage à part.

Kölliker, ou myéloplaxes de Robin. A la naissance, les cellules rouges abondent, ainsi que les cellules à noyau bourgeonnant et les cellules uninucléées à protoplasma granuleux, que Bizzozero rapproche des leucocytes.

En somme, la moelle donne, par le même procédé que le foie, naissance à des cellules rouges ou globules rouges nucléés.

Malassez (1) a vu les grandes cellules à noyau bourgeonnant, qu'il appelle prothémoblastes. Il leur fait produire directement, par gemmation, des globules rouges sans noyau. Nous reviendrons plus bas sur ce point.

4° Hématopoèse dans les ganglions lymphatiques du fœtus. — C'est encore le travail de Foà et Salvioli (2) qui nous fournit ici des renseignements. Dans le mésentère de l'embryon de veau, les ganglions lymphatiques apparaissent du 2e au 4e mois, sous forme d'épaississements linéaires, qui s'accroissent peu à peu et atteignent à la naissance le volume d'une aveline. Au 6e mois, intra-utérin, on ne trouve que des cellules incolores ; à 7 mois, il existe des cellules à noyau bourgeonnant, des cellules rouges et des cellules hyalines. La fonction hématopoétique, semblable à celle des autres organes sanguificateurs, est alors à son acmé ; elle est essentiellement transitoire, car 1 mois après la naissance la couleur rouge des ganglions a disparu et on n'y trouve plus que des cellules blanches. Les cellules à noyau bourgeonnant, les cellules hyalines et les cellules rouges font entièrement défaut.

En résumé : pendant la période fœtale, les cellules vaso-formatives, dont le développement est corrélatif de celui du tissu cellulaire, donnent naissance à un grand nombre de globules rouges adultes et d'hématoblastes. Pendant ce temps et progressivement, à la fonction hématopoétique de l'aire transparente, succède une formation de cellules rouges, qui se montre d'abord dans le foie (embryon de 25mm et jusqu'à la naissance), puis dans la rate, dans la moelle des os et enfin dans les ganglions lymphatiques.

Il se fait là une sorte de balancement fonctionnel, qui est la conséquence directe de l'évolution normale de l'organisme. L'hématopoèse apparaît d'abord comme une fonction banale des tissus embryonnaires (feuillet mésodermique de l'aire transparente, puis tissu conjonctif), elle se localise ensuite davantage, empruntant la partie d'origine mésodermique de certains organes ; mais dans le foie, dans les ganglions, elle est pour ainsi dire chassée par l'établissement de la fonction définitive de l'organe. Le foie est d'abord exclusivement hématopoétique, puis il a une fonction mixte, d'abord plus sanguiformative qu'hépatique, ensuite plus hépatique que

(1) MALASSEZ. Sur la formation des globules rouges dans la moelle des os de quelques mammifères. *Arch. de Physiol.*, IX, p. 1, 1882.

(2) FOA et SALVIOLI. *Loc. cit.*, p. 29 du tirage à part.

sanguiformative ; finalement la fonction hépatique prend le dessus d'une façon définitive et chasse à jamais de l'organe la fonction hématopoétique. Celle-ci débute chez l'embryon de 25mm., l'apport énorme de sang que le foie reçoit de la veine ombilicale explique son activité du début ; à mesure que se développe la partie épithéliale du foie, la partie hématopoétique diminue pour n'exister plus à la naissance qu'à l'état de traces, qui disparaissent dans les premiers jours de la vie extra-utérine (Kölliker, Foà et Salvioli).

Les ganglions lymphatiques ne sont hématopoétiques que pendant une période encore plus courte : du 6e mois à la naissance ou même un peu avant. Leur rapport à la sanguification, pratiquement insignifiant, a une grande importance philosophique.

Les véritables successeurs du foie hématopoétique sont la moelle des os et la rate.

La moelle des os produit des cellules rouges à partir du moment où commence l'ossification des cartilages fœtaux ; c'est-à-dire que dans les différents os, l'apparition de la fonction sanguine varie comme l'ossification dans les différentes pièces du squelette. La fonction continue, tout au moins en puissance, tant qu'il y existe de la moelle rouge, et peut être ramenée par des pertes de sang d'autant plus aisément que l'on est plus rapproché de la naissance. Pratiquement elle cesse à mesure que se forme la moelle jaune dans la cavité des os longs. Elle persiste donc plus longtemps dans les épiphyses, dans les os plats et dans les os courts.

La rate n'entre en fonction qu'après le foie. Les premières traces de son activité se notent au 3e mois intra-utérin. Elles augmentent à mesure que le foie perd sa fonction sanguificatrice. Encore active à la naissance, la rate ne l'est bientôt plus qu'en puissance et il sera d'autant plus difficile de ranimer son action qu'on s'éloignera davantage du début de la vie extra-utérine.

C'est qu'en effet une nouvelle formation de globules débutant chez le fœtus et prenant vite une importance prédominante, vient rendre inutile le rôle des organes hématopoétiques (1). Nous voulons parler de la fonction hématoblastique définitive de l'adulte, si bien mise en évidence par M. le professeur Hayem. Nous exposerons en quelquels mots l'état de cette question dans le paragraphe suivant, et nous indiquerons les rapports de la fonction hématoblastique de l'adulte avec la fonction formatrice de cellules rouges, dans la même période de la vie.

III. — Période adulte ou définitive. — Nous aurions voulu intituler ce paragraphe phase hématoblastique, pour bien indiquer l'importance extrême de la formation du sang aux dépens des hématoblastes d'Hayem ;

(1) A partir du 7e mois, dit Hayem (*loc. cit.*, p. 554), le sang qui sort de la rate ou des os ne renferme plus de globules rouges à noyau, tous les éléments paraissent être d'origine hématoblastique.

mais, d'une part il se produit des hématoblastes chez le fœtus, d'autre part chez l'adulte on peut dans certaines circonstances trouver des cellules rouges, indices de la réapparition de l'activité des organes hématopoétiques. Nous avons donc choisi un terme plus général ne présumant rien du mode de formation du sang après le naissance chez les grands mammifères.

Nous étudierons successivement : 1° la fonction hématoblastique et l'origine des hématoblastes ; 2° la fonction des organes hématopoétiques chez l'adulte et la prétendue transformation des cellules rouges en globules rouges. L'origine des globules blancs, leur évolution et leur prétendue transformation en globules rouges seront étudiées à un paragraphe ultérieur.

1° **Fonction hématoblastique.** — On sait que la connaissance des hématoblastes et de leur rôle est due à M. le professeur Hayem (1). Bizzozero, qui s'est attribué leur découverte (et leur donna le nom de plaquettes), et qui leur refuse tout rôle dans la formation des hématies, n'a publié ses recherches (Virchow's Arch., 1882), que bien après M. Hayem les premières communications de celui-ci, datant de 1875. Ce même processus se retrouve aussi bien chez les vertébrés inférieurs (Hayem (2), Vulpian (3), que chez les mammifères. Nous n'avons pas à écrire ici l'histoire de la genèse du sang chez les amammaliens, nous n'y toucherons qu'en ce qui a trait immédiatement à notre sujet.

L'hématoblaste d'Hayem est chez les mammifères, un élément sphérique, devenant bientôt biconcave, extrêmement altérable d'un diamètre de 1 à 5 μ, dépourvu de noyau, différent des globulins de Donné et des vésicules élémentaires de Zimmermann, ainsi que des boules sarcodiques émanées des globules rouges dans certaines préparations défectueuses et auquelles Hayem a donné le nom de corpuscules d'exsudation.

L'étude des modifications du sang, consécutivement à la saignée et aux hémorrhagies, chez les animaux et chez l'homme, a montré que toute perte de sang un peu importante est suivie d'une multiplication énorme des hématoblastes. C'est la crise hématoblastique d'Hayem. A la suite de cette crise, apparaissent dans le sang des éléments intermédiaires aux hématoblastes et aux globules rouges parfaits. L'hématoblaste augmente d'abord

(1) HAYEM. *Du sang*, etc., p. 555.— Paris, 1889 ; Sur l'évolution des globules rouges dans le sang des animaux supérieurs. *Compt. rend. Ac. des sc.*, 31 déc. 1876. — Recherches sur l'évolution des hématies dans le sang de l'homme et des vertébrés. *Arch. de physiol.*, 1878 et 1879. — *Leçons faites en* 1881 *sur les modific. du sang sous l'influence des agents médicamenteux et des pratiques thérapeutiques*, in-8°, 540 p Paris, 1882.

(2) HAYEM. Sur l'évolution des globules rouges du sang chez les vertébrés ovipares. *Acad. des sc.*, 12 nov. 1876. — Notes sur l'évolution des hématoblastes chez les ovipares. *Compt. rend. Soc. biol.*, 24 nov. et 1er déc. 1876.

(3) VULPIAN. De la dégénération des globules rouges du sang chez les grenouilles. à la suite d'hémorrhagies considérables. *Acad. des sc.*, 4 juin 1877.

de volume, se charge d'une petite quantité d'hémoglobine ; puis l'élément augmente de dimensions, avant de compléter sa charge en hémoglobine. (Hayem, *lot. cit.* ,p. 562 et suiv.). Toute soustraction sanguine produite par une maladie aiguë se répare de la même façon et, quand une maladie chronique arrive à la guérison, c'est encore le même processus, qui amène la réparation sanguine. L'étude, faite par M. Hayem, de la réparation sanguine chez les chlorotiques (*loc. cit.*, p. 740), démontre complètement cette proposition.

Reste à savoir d'où proviennent les hématoblastes.

Vous avons vu qu'il s'en forme un certain nombre dans les cellules vasoformatives de Ranvier ; mais, si à la rigueur cette origine peut suffire pour les premiers mois de la vie fœtale, elle est insuffisante pour les derniers et à plus forte raison pour l'adulte où la formation du tissu conjonctif est extrêmement ralentie et ne saurait expliquer le rapport normal de l'hématoblaste pour 20 globules rouges, que l'on observe chez l'adulte sain et encore moins les chiffres des réparations des anémies aiguës où on trouve 600,000 hématoblastes par millim. c. et jusqu'à 900,000 (Hayem).

Force est donc de leur chercher une autre origine, Neumann (1) en fait un produit de destruction des globules rouges ; telle est aussi l'opinion de Riess (2), Ehrlich (3), qui les appellent « Zerfallskörperchen ». Pouchet (4) les regarde comme un produit de précipitation de la fibrine. Du reste ces auteurs leur refusent naturellement toute participation à l'hématopoèse.

J.-L. Gibson (5) les fait dériver des noyaux des globules blancs ; malheureusement, sa technique est défectueuse et sa démonstration n'est pas probante. C'est pour avoir confondu avec les hématoblastes des granulations, qui n'ont rien de commun avec eux, que nombre d'auteurs ont soutenu qu'ils prennent leur origine dans les produits de destruction de certains éléments anatomiques.

Mondino (6) croit qu'ils se multiplient par mitose dans le sang lui-même, il décrit et figure les différentes phases de ce processus ; mais il n'a pas retrouvé de figures typiques de division. Son hypothèse n'en mérite pas moins attention, bien qu'on conçoive mal un processus de cinèse dans un élément entièrement dépourvu de chromatine.

(1) NEUMANN. Ueber Blutregeneration und Blutbildung. *Zeitschr. f. klin. Med.* Bd III, p. 411, 1881.

(2) RIESS. *Berl. klin. Woch.*, 1879, n° 47.

(3) EHRLICH. *Berl. klin. Woch.*, 1880, n° 28 et 1881, n° 3.

(4) POUCHET. *Gaz. méd. de Paris*, 1878, n° 11.

(5) J.-L. GIBSON. *The blood-forming organs and blood formation.* Th. d'Edinburgh, 1885 et *Journ. of Anat. and Phys.*, 1886.

(6) MONDINO et SALA. La produzione delle piastrine nel sangue dei vertebrati ovipari. *Rendic. d. r. acc dei Lincei*, 8 avril 1888. — MONDINO. La produz. d. piastr. nel sangue d. vert. vivipari, *ibid.*, 8 avril 1888.— MONDINO. *Sulla genesi e sullo sviluppo degli elementi del sangue*, in-4°, Palermo, 1888, 1 pl.

J. Denys (1) admet chez le pigeon leur multiplication par karyokinèse dans la moelle des os. Mais il ne faut pas confondre, même chez les amammaliens les cellules rouges provenant des organes hématopoétiques et les globules rouges à noyau, qui forment la très grande majorité des éléments rouges de leur sang (2).

Foà et Carbone (3) ont décrit dans la rate des cellules spéciales, dont le protoplasma renferme des corpuscules granuleux qu'ils comparent aux plaquettes. Ils tendent à y voir l'origine réelle des éléments. D'autre part, M. Hayem (communication orale), qui a vu aussi ces éléments, affirme que cette ressemblance est grossière.

Hayem (4) a vu dans le sang issu des organes hématopoétiques des corpuscules qu'il avait pris tout d'abord pour des hématoblastes ; il avait en conséquence cru pouvoir les faire dériver des globules blancs. Il a reconnu depuis qu'il n'en est rien (p. 587) et que ces corpuscules n'avaient des hématoblastes que l'apparence.

On ignore donc l'origine des hématoblastes et il est impossible encore de se décider entre les théories de Mondino, Foà et Carbone, J. Denys. Peut-être même faut-il aller chercher ailleurs cette formation.

2° **Rôle des organes hématopoétiques chez l'adulte.** — La formation des cellules rouges aux dépens de certains de leurs éléments continue-t-elle chez l'adulte ? Et dans ce cas, comment les cellules rouges se transforment-elles en globules rouges discoïdes ?

Le foie a cessé son rôle hématopoétique dans les premiers jours de la vie extra-utérine, les ganglions ont un rôle à peine marqué à l'état pathologique (Neuman) (5), tout à fait nul à l'état normal. Nous les éliminerons donc.

Notons tout d'abord que, pour juger de l'activité des organes dits hématopoétiques chez l'adulte, il faut expérimenter non sur de petits animaux, qui ont encore de la moelle rouge au moment où ils sont déjà capables de se reproduire (cobaye, lapin, chat), mais sur ces mêmes animaux très avancés en âge, ou mieux sur des chiens de 3 à 5 ans, le cheval de 6 ans, l'homme adulte. Dans ces conditions, la moelle osseuse est fortement chargée de graisse et on ne court pas risque d'obtenir des résultats en apparence contradictoires, parce qu'on aura expérimenté sur

(1) J. Denys. S. l. structure de la moelle des os et la genèse du sang chez les oiseaux. *La cellule,* t. IV, fsc. 1, 1887.

(2) Dans des recherches sur ce sujet, que nous avons entreprises en collaboration avec M. le prof. Hayem, nous avons pu constater que la saignée fait apparaître dans le sang du pigeon, des formes de cellules rouges à noyau cinétique, sans rapport avec les hématoblastes.

(3) Foa et Carbone. *Ziegler's Beiträge.* V, 2, 1889.

(4) Hayem. *Du Sang*, p 587.

(5) Neumann. Ueb. Blutbildung u. Blutregeneration. *Zeitschr. f. kl. Med.*, III, 3, 1881.

des organes ayant encore les caractères de l'état fœtal et non pas tous ceux de l'état adulte. Neumann (1) affirme que chez le fœtus humain, la moelle rouge commence déjà à se convertir en moelle jaune à partir du milieu de la diaphyse des os longs.

C'est un fait d'observation ancienne que, chez les mammifères adultes et chez l'homme mort d'une maladie aiguë ou d'un grand traumatisme, la moelle osseuse est jaune, graisseuse dans tous les os longs et même dans la plupart des os plats et des os courts. Le sternum, les côtes, les corps vertébraux, les os de la voûte du crâne sont ceux qui conservent le plus longtemps de la moelle rouge; mais ils finissent eux-mêmes par la perdre (Neumann) (1). On conçoit donc combien doit-être limitée l'action hématopoétique de ce tissu chez l'adulte. Néanmoins, les auteurs se sont préoccupés de l'état de la moelle et de la rate dans les différents cas d'anémie et Neumann (2), Bizzozero (3) y ayant constaté la présence de nombreuses cellules rouges, on admit la régénération du sang aux dépens de la moelle osseuse. La coloration rouge de la moelle, regardée d'abord comme caractéristique de l'anémie pernicieuse (Pepper, Cohnheim, Scheby-Buch, Osler et Gairdner, Leyden, Litten et Orth), Blechner fut bientôt reconnue exister dans la plupart des maladies chroniques cachectisantes (Litten et Orth (4), Blechner). Blechmaun (5), élève de Neumann, est arrivé aux mêmes conclusions. Bizzozero donna en Italie (6), une grande impulsion à l'étude de la moelle osseuse. Ce dernier admet même que la fonction hématopoétique de l'adulte est en entier dévolue à la moelle. Les recherches de Flemming sur la karyokinèse devaient retentir sur l'hématologie, et faire rechercher dans la moelle des formes cinétiques. Pour ne citer que deux noms, nous indiquerons ici les travaux de Löwit (7), et de Denys (8).

(1) Neumann. Ueber die Entwickelung rother Blutkörperchen in neugebildeten Knochenmark. *Virchow's Arch.*, c. XIX, 3, 1890.

(2) Neumann. Ueb. die Bedeutung des Knochenmarkes für die Blutbildung. *Centralbl. f. d. med. Wiss.*, p. 689, 1869 et *Arch. d. Heilk.* X, p. 68, 1869. — Neue Beiträge z. Kenntniss. d. Blutbildung, *Arch. d. Heilk.*, XV, p. 441, 1874. — Knochenmark und Blutkörperchen. *Arch. f. mikr. Anat.* XII, p. 703, 1876.

(3) Bizzozero. Sulla funzione ematopoetica del midollo delle ossa. *Gaz. med. Lombarda*, n°s 2 et 24, 1869.

(4) Litten et Orth. Ueb. Veränderungen d. Markes in Rohrenknochen. *Berl. kl. Woch.*, n° 51, 1877.

(5) Blechmann. Ein Beitrag z. Pathologie der Knochenmarkes. *Arch. d. Heilk.* XIX, 5 et 6, 1878.

(6) Principaux travaux : Bizzozero et Salvioli. Ricer. sperimentale sulla ematapoesi splenica. *Arch. p. l. sc. med.* IV, n° 2, 1880. — Bizzozero. *Centralbl. f. d. med. Wiss.*, n° 8 et *Moleschott's Untersuch.*, vol. XIII. — Foa. Sull' origine dei globuli rossi, etc. *Arch. p. l. sc. med.*, VII, n° 24, 1884.

(7) Loewit. Ueber die Bildung roter und weisser Blutkörperchen. *Sitzungsb. Wiener Akad.*, LXXXVIII, 3, 1883.

(8) Denys. *Loc. cit.*

Löwit distingue dans la moelle des os deux sortes d'éléments, des leucoblastes et des érythroblastes. Ces derniers, qui ne sont que les cellules rouges de Neumann se multiplient par mitose et donnent naissance aux globules rouges.

Le rôle hématopoétique de la rate chez l'adulte est encore moins démontré. Un fait certain, c'est que les cellules rouges n'y apparaissent qu'à la suite de saignées profuses et répétées (Bizzozero et Salvioli (1), Hayem (2). Malassez et Picart (3), ont cherché une preuve indirecte de l'hématopoèse splénique dans l'analyse chimique de son parenchyme, où ils ont trouvé plus de fer que dans n'importe quel autre organe. A tout prendre, ce fer peut aussi bien provenir de la destruction des globules que servir à leur formation. Hayem (4), Moleschott (5), admettent d'ailleurs que la rate sert à détruire les globules rouges : ce serait son seul rôle dans la rénovation du sang. Neumann (6) fait remarquer que le nombre des cellules rouges de la rate n'est pas supérieur à celui qu'elles ont dans le sang en circulation et nie aussi son rôle hématopoétique. D'autre part, les travaux de Schiff (7) (1879), de Pouchet (8), de Korn (oiseaux, poissons), ont prouvé que l'extirpation de la rate n'entraîne aucune altération du sang. Korn a même montré que la saignée est aussi bien supportée par des pigeons privés de rate que par les animaux témoins.

Laguesse (9) a pu observer que chez les alevins de truite, où la rate n'existe pas encore, la réparation du sang après saignée se fait normalement. De plus les faits d'extirpation de la rate chez l'homme (Nedopil, Czerny (10) et ceux d'abscence congénitale de cet organe (Koch et Wachsmuth) (11), ont aussi démontré qu'il n'est nullement nécessaire à la conservation de la santé.

Nous devons indiquer ici, que récemment, on a constaté la présence, dans les cellules rouges en circulation dans le sang, de formes karyokiné-

(1) Bizzozero et Salvioli. *Loc. cit.*

(2) Hayem. *Leçons de* 1882.

(3) Malassez et Picart. Recherches sur les fonctions de la rate. *Compt. rend. Soc. biol.*, p. 94, 108, 114 et 370, 1875.

(4) Hayem. *Du sang*, p. 608.

(5) Moleschott. Ueber die Entwickelung der Blutkörperchen. *Arch. f. Anat und Phys.*, LXXIII, 1853.

(6) Neumann. *Zeitschr. f. kl. Med.*, 1881.

(7) Schiff. *Communication au Congrès de Genève*, 1877.

(8) Pouchet. Note sur la constitution du sang après l'ablation de la rate. *Soc. de biol.*, 8 juin 1878.

(9) Laguesse. S. l. régéner. du sang après saignée chez l'embryon. *Soc. biol.*, 14 juin 1890. — Note s. l. dévelop. histol. d. l. rate chez les poissons. *Ibid.*, 7 juil. 1890. — Rech. s. l. dévelop. d. l. rate chez les poissons. *Journ. de l'anat.*, 1890.

(10) W. Czerny. Zúr Laparosplenotomie. *Wiener med. Woch.*, nos 13, 17, 1879.

(11) Koch et Wachsmuth, cités par Ricklin et Labadie-Lagrave, in *Revue des sc. méd.*, XX, 1882.

tiques, indiquant que dans certaines circonstances, elles sont susceptibles de se multiplier dans l'intérieur même de ce liquide. Mais cette constatation a toujours été faite chez des fœtus ou des animaux jeunes, où on avait provoqué une rénovation active du sang (Boccardi cité par Denys). Leur présence dans le sang s'accompagnait toujours de celle de figures cinétiques dans la moelle osseuse et les autres organes hématopoétiques.

En admettant comme prouvé que la moelle, sinon la rate, forme des cellules rouges chez l'adulte, il faudrait établir entre celui-ci et le fœtus une différence essentielle. Chez ce dernier, on trouve facilement des cellules rouges dans le sang en circulation ; chez le premier on n'en rencontre plus dès la naissance, ou bien il faut les rechercher à la période ultime des anémies extrêmes chroniques (Hayem).

Cet auteur avec Barrier (Du sang, p. 602) les a mêmes recherchées dans le sang de la veine du canon du cheval, qui ramène le sang de la moelle osseuse et a constaté leur absence (1).

La transformation des cellules rouges en globules rouges devrait donc se faire dans l'intimité même de la moelle et il n'en sortirait que des globules parfaits.

Comment se fait cette transformation? Par quel mécanisme la cellule rouge perd-elle son noyau? Voilà encore un nouveau sujet à contestation. Sans nous arrêter à l'opinion d'Arndt (2), et Obrastzow (3) pour lesquels le noyau des cellules rouges ne serait qu'une apparence cadavérique; nous avons en présence deux théories différentes :

1° D'après Rindfleisch (4), le noyau disparaît par ponte nucléaire. L'élément se déforme en calotte et le noyau est expulsé en totalité avec un peu de protoplasma. Le reste en se redressant constitue un élément bi-concave. Bizzozero (5) sans se prononcer exactement incline vers l'opinion de Rindfleisch.

J'ai pu observer dans plusieurs de mes préparations des cellules rouges, dont le noyau avait été expulsé; mais il m'a été facile de voir qu'il faut rapporter cette expulsion au léger traumatisme, que peut produire sur les éléments le frottement de la baguette avec laquelle on étale le sang. Dans ces cas en effet le noyau était toujours situé du côté de l'élément où l'aurait poussé le frottement. L'origine purement accidentelle de cette préten-

(1) LOEWIT signale bien la présence constante du globule rouge nucléé dans le sang de la veine cave du lapin; mais nous savons que la moelle des lapins jeunes présente dans les premières années de la vie des caractères fœtaux.

(2) ARNDT. Beobachtungen an rothen Bluthörperchen der Wirbelthiere, *Virchow's Arch.*, LXXIII, p. 1, 1879 et LXXXIII, p. 15, 1881.

(3) OBRASTZOW. Zur Morphologie der Blutbildung im Knochenmark der Säugethiere. *Virchow's. Arch.*, LXXXIV, p. 358, 1881.

(4) RINDFLEISCH. *Experim. Studien üb. d. Histol. d. Blutes.* Leipzig, 1863. Ueb Knochenmark, etc. *Arch. f. mikr. Anat.*, p. 1 et 21, 1880.

(5) BIZZOZERO. *Loc. cit.*

due ponte nucléaire est d'ailleurs admise par Obrastzow, qui en donne la même explication.

2° Un processus plus généralement admis est celui de la disparition progressive du noyau, Kölliker (1), Neumann (2), ou chromatolyse comme l'appellent Löwit (3), Ouskow (4), etc.

Non seulement on a recherché les phases de cette disparition, on les a minutieusement décrites et figurées (Gibson (5), C. Mondino (6) Foà et Salvioli (7), Foà (8), etc.), mais encore on a prétendu pouvoir faire apparaître, à l'aide de réactifs et en particulier de l'acide acétique, dans le stroma globulaire, sinon le noyau (Sappey (9), du moins la place qu'il occupait. Le noyau diminuerait progressivement de volume, deviendrait punctiforme et finalement disparaîtrait, laissant à la place d'une cellule rouge sphérique, un globule rouge discoïde. Cette opinion est admise en France, par J. Renaut (10). Malheureusement, s'il est vrai que l'on puisse retrouver des cellules avec des noyaux de volumes très variables, je n'ai pu observer les cellules à noyau punctiforme. Il faut aussi tenir compte des altérations importantes que l'acide acétique fait subir aux globules et qui peuvent aisément induire en erreur. (Voy. Hayem, *Du sang*, p. 66, altérations artificielles des globules rouges.)

Il nous reste à indiquer deux autres procédés de formation des globules rouges, sans intermédiaire d'hématoblastes.

L'un d'eux est indiqué par Malassez (11). Le protoplasma des cellules de Neumann produit incessamment des bourgeons; qui se pédiculisent et se détachent de la cellule-mère (Renaut, *loc. cit.*). Une fois individualisés, ces bourgeons ont les dimensions des globules rouges jeunes. Les cellules rouges ne seraient ainsi que des souches de globules, qui eux-mêmes n'en seraient que des boutures détachées, dit Renaut. Malassez leur donne le nom de cellules globuligènes ou prothémoblastes. Nous devons rappeler

(1) Koelliker. *Histologie.*

(2) Neumann. *Loc. cit.*,

(3) Loewit. Ueb. d. Bildung rother und weisser Blutkörperchen. *Sitz. Wiener Akad.*, LXXXVIII, 1883.

(4) Ouskow. *Krov kak than* (Le sang comme tissu). St-Pétersbourg, 1890.

(5) Gibson. *Loc. cit.*

(6) C. Mondino. *Loc. cit.*

(7) Foa et Salvioli. *Loc. cit.*

(8) Foa. Beiträg zum Studium der Struktur der rothen Blutkörperchen der Säugethiere. *Ziegler's Beiträge.* Bd V, H. 2, p. 253, 1 pl., 1889.

(9) Sappey. *Les éléments figurés du sang dans la série animale*, in 4°. Paris, 1881.

(10) J. Renaut. *Traité prat. d'histologie*, 1889, et art. Hématie du *Dict. encycl.*, 1886.

(11) Malassez. Sur la formation des globules rouges dans la moelle des os de quelques mammifères. *Arch. de phys.*, t. IX, p. 1, 1882, cité par Renaut, *Histologie*, p. 115.

ici une critique faite par Bizzozero, que ces bourgeons ne sont que les produits artificiels de l'acide osmique employé par Malassez.

Le second procédé est celui décrit par Pouchet, qui fait provenir les globules rouges d'une variété de globules blancs. Nous allons y revenir plus bas.

B. — Genèse des globules blancs.

Nous sommes encore ici en face d'une question extrêmement obscure. Non pas qu'elle n'ait exercé la sagacité d'un grand nombre de chercheurs ; mais on conçoit la difficulté de la recherche de l'origine de ces globules dans un tissu où les éléments sont continuellement brassés et mélangés par la circulation. De plus, les migrations leucocytiques ajoutent encore à la complexité de cette étude. Nous devrions, fidèle à notre méthode, diviser cet exposé comme nous l'avons fait pour les globules rouges ; mais l'insuffisance des données positives ne nous permet pas, sous peine de redites, d'établir aussi nettement cette distinction.

Nous avons déjà vu que Kölliker (1) a constaté l'apparition des premiers leucocytes dans le sang embryonnaire, quelques jours seulement après celle des cellules rouges. Ils se montrent là sous forme de cellules blanches, bien différentes par leur aspect des cellules rouges, même de celles qui n'ont pas encore acquis leur hémoglobine. Mais Kölliker avoue ignorer leur provenance. S'il faut en croire J. Renaut (2), il n'y aurait pas lieu d'établir de distinction entre la cellule sanguine primitive et le globule blanc primitif.

Pour le fœtus et l'adulte, la question a été suffisamment résumée dans la thèse d'agrégation de Variot (3), à laquelle nous empruntons une partie des renseignements qui vont suivre.

Sans insister sur l'opinion aujourd'hui abandonnée de Ch. Robin (4), qui les faisait naître par genèse dans le plasma et niait leur analogie avec les cellules blanches des organes hématopoétiques (5), nous trouvons en

(1) Koelliker. *Histologie*, p. 823, de l'édit. française, 1882.

(2) J. Renaut. *Histologie*, p. 149, 1889.

(3) Variot. *Eléments figurés du sang. Anat. et phys.* Th., agrég. p. 74 et suiv. Paris, 1886. Cf. aussi du même. Du rôle pathogénique des lésions viscérales et gangl. de la leucocythémie. *Journ. de l'anat.*, p. 266, 1882.

(4) Ch. Robin. Art. Leucocyte du *Dict. encycl.*, série II, t. II, p. 224, 1869.

(5) M. le professeur Sappey (*Eléments figurés du sang*), fait provenir les globules blancs des globulins (éléments de 1 à 4 μ, qui, dit-il, sont peut être les hématoblastes d'Hayem), auxquels il décrit un noyau et un corps protoplasmique extrêmement mince. Mosso (Die Umwandung der rothen Blutkörperchen in Leucocyten, etc. *Virchow's Arch.*, CIX, H. 2, p. 205, 1888, et en français, in *Arch. ital. de Biol.*, VIII, 3, 1887), qui en fait une forme vieille des globules rouges, est le seul de son opinion et a certainement tiré ces conclusions d'une technique défectueuse.

présence deux opinions bien tranchées, mais ne s'excluant pas l'une l'autre.

Pour les uns, les globules blancs peuvent naître par division dans le sang des cellules lymphatiques préexistantes. Ce processus a été décrit par Ranvier (1) dans le sang de l'axolotl et par J. Renaut (2) dans le sang leucémique. Tandis que Flemming (3), Peremeschko (4), disent avoir vu dans le sang en circulation, des figures karyokinétiques des globules blancs, figures retrouvées par Arnold (5), qui compare leur mode de fragmentation à celui des cellules de la moelle des os. Löwit (6), Ouskow (7) affirment que la division directe est leur mode normal de multiplication. Arnold ne nie pas d'ailleurs l'existence des deux processus à côté l'un de l'autre.

Pour la plupart des auteurs au contraire, les globules blancs naissent dans certains organes; mais ici encore il y a lieu de distinguer.

D'une part, les globules blancs proviendraient d'un système organique bien différencié, le système lymphoïde, comprenant, outre les organes hématopoétiques, un grand nombre de foyers en rapport avec la plupart des muqueuses et encore le thymus chez le fœtus. On a même décrit dans le sang leucémique des formes de globules blancs variant suivant que l'origine de la maladie était splénique, ganglionnaire ou médullaire. Cette opinion a été controuvée. Ainsi, tandis que pour le uns, Gibson (8), l'ablation de la rate serait suivie d'une diminution du nombre des leucocytes en circulation, pour Pouchet (9) et Laguesse (10) cette mutilation resterait sans influence. M. Hayem (11), qui a fait des numérations comparatives du sang de l'artère et de la veine spléniques, a trouvé des différences pouvant être mises sur le compte de l'erreur possible. Pour la moelle osseuse, elle ne pourrait d'après Bizzozero(12) produire de globules rouges qu'à la condition

(1) RANVIER. Rech. sur les éléments du sang. *Arch. de physiol.*, janv. 2 fév. 1885

(2) RENAUT. *Mémoire de* 1881, cité par VARIOT.

(3) FLEMMING. Beiträge, g. kenntniss der Zellen und ihrer Lebenserscheinungen. *Arch. f. mikr. Anat.*, XVI, 2, Studien ub. Regeneration d. Gewebe. *Ibid.* XXVII. 1885., *Zellsubstan*, etc., p. 256, 1882.

(4) PEREMESCHKO. *Arch. f. mikr. Anat.*, VI, 1880.

(5) ARNOLD. Beobachtungen üb. Kerne und Kerntheilungen in den Zellen dei. Knochenmarkes. *Virchow's Arch.*, XCIII, 1883. — Ueb. Kern-und Zelltheilung ber akuter Hyperplasie der Lymphdrüsen u. d. Milz. *Virchow's Arch.*, XCV, 1884. — Weitere Beobachtungen üb. d. Theilungsvorgänge an Knochenmarkzellen und weissen Blutkörpern. *Virchow's Arch.*, XCVII, 1884.

(6) LOEWIT. Ueb. Neubildung und Zerfall weisser Blutkörperchen. *Sitzngsb. wiener Akad.*, XCII, 1885.

(7) OUSKOW. *Loc. eit,*

(8) GIBSON. *Loc. cit.*.

(9) POUCHET. *Loc. cit.*

(10) LAGUESSE. *Soc. biol.*, 1890.

(11) HAYEM. *Du sang*, p. 199.

(12) BIZZOZERO. *Loc. cit.*

de fabriquer d'abord des globules blancs et de les transformer. Gibson, Denys (1). Löwit, etc. admettent aussi son rôle formateur de globules blancs. Quant aux ganglions lymphatiques, la naissance des leucocytes dans leur intérieur, généralement admise, est niée par Pouchet.

Les globules blancs pourraient naître, en outre, dans des systèmes non différenciés et dans les cavités séreuses (Tourneux et Hermann (2), ainsi que dans le tissu cellulaire.

Destinée des globules blancs. — Tous les auteurs sont d'accord pour admettre dans le sang en circulation, plusieurs variétés de leucocytes. Nous citerons seulement ici les recherches de Hayem (3), d'Ehrlich (4), et de l'école de Lyon (5). D'après Pouchet (6), c'est une variété de globule blanc, le noyau d'origine, qui donne naissance d'une part à toutes les variétés de leucocytes, de l'autre aux globules rouges par l'intermédiaire des globules blancs chargés d'hémoglobine, c'est-à-dire de cellules rouges. M. Hayem (7) a fait une critique approfondie de cette théorie ; il conclut à la négative. Nous renvoyons à son ouvrage.

Arnold, Löwit, Ouskow, etc., ont établi l'existence entre les différentes espèces de globules blancs d'une chaîne généalogique ininterrompue, d'ailleurs facile à suivre, depuis le globule blanc à gros noyau avec chromatine diffusée, jusqu'au leucocyte à noyaux multiples, en passant par une forme adulte, seule susceptible de division. Ces auteurs, il est vrai, n'indiquent pas la genèse des leucocytes à grains éosinophiles, dits de Semmer. Ceux-ci pourraient provenir directement des organes hématopoétiques, entre autres de la moelle des os et de la rate.

L'accord est donc loin d'être fait, sur le rôle des organes dits hématopoétiques dans la genèse du sang, la transformation des cellules rouges en globules rouges ne repose pas non plus sur une base bien solide. Nous croyons pouvoir la rejeter à l'exemple de M. le prof. Hayem. Nous admettons que tout globule rouge provient d'un hématoblaste et que toute cellule rouge est née d'un élément spécial, situé dans les organes hémato-

(1) Denys. *La cellule*, 1887.

(2) Tourneux et Hermann. Rech. s. qq. épithéliums plats de la série animale. *Journ. de l'anat.*, juillet et août, 1876.

(3) Hayem. *Loc. cit.*, p. 103.

(4) Ehrlich. Cité par Bizzozero et Firkett, *Microscopie clin.*, 2e éd., p. 39, 1885.

(5) Principaux ouvrages. Renaut. *Loc. cit.*, du même *Arch. de phys.*, 1881, n° 5, p. 651. — Mayet. *Lyon méd.*, 1888, LVII, p. 503. — Maissas. *Et. morphol. s. l. sang leucocythémique.* Th. de Lyon, 1890. — Du même, même titre. *Gaz. hebd.*, 29 mars, 1890. — G. Roux. Contrib. à l'ét. du sang leucémique. *Rech. s. les glob. blancs et particulièrement s. leurs noyaux. Province méd.*, 17, 31 mai et 14 juin 1890.

(6) Pouchet. Note s. l. genèse des hémat. chez l'adulte. *Soc. biol.*, 6 nov., 1877. — Sur les leucocytes et la régén. des hématies. *Ibid.*, 5 et 9 janv., 1878. — Sur la régén. des hématies des mammif. *Ibid.* — De l'origine des hématies. *Ibid.*, 2 et 16 mars 1878.

(7) Hayem. *Du sang*, p. 590.

poétiques, et restera cellule rouge. La présence de cellules rouges dans le sang en circulation indique donc le retour à l'activité d'organes hématopoétiques, une tentative de l'organisme de réparer le sang par tous les moyens dont il dispose.

La cellule rouge et le globule rouge, ont le même rôle physiologique, qu'ils doivent à leur hémoglobine; mais ils diffèrent entièrement par leur forme et leur origine. Ils ne peuvent se reproduire l'un l'autre. Contre Pouchet, Bizzozero, Löwit, etc. nous nions toute parenté entre la cellule rouge et le globule blanc et à plus forte raison entre celui-ci et le globule rouge.

La cellule rouge, qu'elle soit produite dans l'aire transparente, ou dans les organes hématopoétiques, existe seule pendant les premiers jours de la vie embryonnaire. Son rôle diminue peu à peu chez le fœtus, à mesure que grandit celui du globule rouge, pour cesser à la naissance. Elle ne peut réapparaître que dans certaines conditions pathologiques, que réalisent les anémies graves et prolongées de toutes natures. Mais, en raison de la plus grande vitalité des organes hématopoétiques chez l'enfant, cette réapparition est beaucoup plus facile chez lui que chez l'adulte. D'ailleurs, le nombre de cellules rouges ainsi produites est toujours insuffisant pour pourvoir aux besoins de la réparation sanguine et M. Hayem a montré que chez l'adulte son apparition est toujours d'un pronostic très grave.

Le globule rouge, dérivant toujours de l'hématoblaste, apparaît chez l'embryon et chez le fœtus dans les cellules vaso-formatrices et son rôle augmente à mesure que diminue celui de la cellule rouge. Chez l'adulte nous ignorons il est vrai l'origine de l'hématoblaste; mais le fait de la rénovation hématoblastique du sang nous paraît suffisamment démontré, tandis que la théorie de la transformation des cellules rouges en globules rouges manque de preuves suffisantes et nous semble avoir été admise avec trop d'empressement surtout à l'étranger.

CHAPITRE II

EXPOSÉ DE NOS RECHERCHES PERSONNELLES SUR L'HÉMATOPOÈSE FŒTALE

A. — Technique.

Pour éviter des redites, nous allons donner de suite les procédés techniques employés par nous, pour conserver, fixer et colorer le sang et les tissus où nous avions à rechercher les éléments hématopoétiques.

1° TECHNIQUE RELATIVE AU SANG.— *a*, **Examen du sang pur.** — Nous avons employé la cellule à rigole avec les précautions indiquées par M. Hayem (*Du sang*, p. 2), qui permet en évitant la compression des éléments par le poids du couvre-objet d'examiner le sang vivant et son mode de coagulation.

b). **Numération des éléments du sang.**—(HAYEM. *Loc. cit.*, p. 24). — Nous avons employé l'appareil d'Hayem et Nachet, avec le liquide A (1) comme sérum de dilution. Le liquide A condense le noyau de la cellule rouge, le rend plus réfringent, et fait disparaître les détails de structure, qui permettent de reconnaître la cellule. Nous avons donc cherché un sérum ne présentant pas cet inconvénient.

Le liquide que nous avons adopté est le suivant :

(1) Composition du liquide A de HAYEM :

Eau distillée	200
Sulfade de soude pure	5
Chlorure de sodium pur	1
Bichlorure de mercure	0,50

Préparer d'une part une solution colorante d'Erlich avec :

Solution aqueuse suturée de fuchsine acide........	5
Solution aqueuse suturée de bleu de méthyline......	1
Eau distillée....................................	5

Laisser reposer huit jours, filtrer.

La saler à 0,75 0/0 de chlorure de sodium ; préparer d'autre part une solution d'eau salée à 0,75 0/0.

Dans 10 c. c. de celle-ci on verse X gouttes de la solution colorante. On obtient ainsi un liquide pas assez foncé pour rendre impossible la numération dans la cellule à 1/5 de millim. et assez colorant pour teindre en rose pâle les globules rouges et les parties hémoglobiques des cellules rouges, et en bleu tous les noyaux. Les globules blancs conservent le corps cellulaire incolore à l'inverse des cellules rouges. Les hématoblastes se conservent, ne constituent pas d'amas compactes, principal écueil à éviter dans la technique de leur numération. Malheureusement il faut faire la numération avant une demi-heure, temps après lequel les globules rouges émettent aux corpuscules d'exsudation, dont la présence peut fausser le résultat de la numération des hématoblastes. Pour la recherche et la numération des cellules rouges, je conseille d'employer la cellule à 1/10 de millim. au lieu de celle à 1/5 avec un objectif fort à grand angle d'ouverture, par exemple le E de Zeiss, dont la distance focale est suffisante.

c). **Conservation des éléments du sang.** — *Fixation.* — Le seul procédé pratique et véritablement clinique nous paraît être celui décrit par M. Hayem (*loc. cit.*) qui consiste à étaler rapidement le sang, pris sur le doigt bien séché, sur une lame porte-objet bien propre, sèche et froide, avec une tige de verre bien cylindrique et également sèche et froide. Nous ne recommandons pas le procédé de M. Ranvier (lame chauffée) parce qu'il produit facilement des boules d'exsudation sur les globules rouges, d'autant qu'on peut difficilement régler la température de la lame. Cependant par les temps humides, il sera utile d'employer des lames chauffées à la température du corps ; on hâte ainsi la dessiccation, souvent difficile à obtenir dans ces conditions

Après que la préparation a été ainsi desséchée, on peut la conserver indéfiniment dans une boîte bien sèche. Après 3 ou 4 mois, le sang peut résister aux lavages. Cependant il est rare qu'on n'ait pas besoin de faire un examen plus hâtif. Il faut donc un procédé de fixation plus rapide, permettant l'emploi des divers réactifs colorants employés en histologie.

Nous avons expérimenté deux procédés.

α) Chauffage continu de la préparation pendant 4 à 5 jours à l'étuve sèche à 60°. On obtient ainsi une bonne fixation, quand toutes les conditions ci dessus sont bien remplies ; mais ce procédé est lent et on n'est pas toujours certain d'être à l'abri des causes de détérioration. Enfin il nécessite un outillage spécial.

β) Fixation par les vapeurs d'acide osmique. C'est celui que nous recommandons. Les préparations, aussitôt que desséchées, sont portées, la face couverte de sang en bas, sur un godet renfermant un peu de solution à 1 0/0 d'acide osmique et exposées à ses vapeurs pendant 12 à 20 secondes. Un temps moindre donnerait une fixation incomplète; un temps plus long empêcherait ultérieurement les colorations. Celles-ci peuvent être faites immédiatement.

d) **Coloration**. — Les préparations sèches peuvent être examinées sans l'addition d'aucun réactif. On les recouvre simplement d'une lamelle lutée aux quatre angles et on les examine avec un objectif fort à sec. C'est le meilleur procédé pour l'étude de la forme des hématies et des hématoblastes.

Pour mettre en évidence les noyaux, il faut de toute nécessité employer les colorants.

On peut additionner la préparation d'eau iodo-iodurée saturée d'iode, selon la formule suivante :

Eau distillée..........................	500
Iodure de potassium.....................	25
Iode................................	en excès.

Mais, pour l'étude fine du réseau chromatique du noyau, il faut employer des colorations plus précises et plus intenses. Après avoir essayé un grand nombre de couleurs d'aniline, nous nous sommes arrêté aux procédés suivants :

α) *Coloration au bleu de méthylène.* — On prépare : 1° solution aqueuse de carbonate d'ammouiaque à 1 0/0 ; 2° solution alcoolique saturée de bleu de méthylène pur. On mélange les deux solutions dans les proportions suivantes :

Solution 1.............................. 3 parties.
Solution 2.............................. 2 parties.

Il est utile de laisser le vase ouvert pendant huit jours, pour diminuer par évaporation la proportion d'alcool. Mais la présence d'une petite quantité de cette substance est utile, parce que la solution mouille mieux la goutte de sang sec étalé (1). Cette présence devient une nécessité pour colorer des préparations de moelle des os, faites par le procédé que nous indiquons plus bas, et qui renferment toujours de la graisse.

Après avoir laissé la solution colorante en contact avec le sang pendant environ deux minutes, on lave la préparation à l'eau distillée, on enlève s'il y a lieu l'excès de matière colorante avec de l'alcool, on sèche rapidement au papier buvard puis à la flamme et on monte dans le baume (2).

Sur ces préparations, les globules rouges ont une teinte verdâtre, qui se retrouve sur toutes les parties imprégnées d'hémoglobine, entre autres sur les cellules rouges. Par contre, les globules blancs et tous les noyaux ont une teinte franchement bleue, plus ou moins foncée.

β) *Double-coloration par l'éosine et le vert de méthyle* (procédé de Cole), *ou par la fuchsine acide et le vert de méthyle* (procédé de Denys). — Ces colorations donnent les protoplasmas en rose. Ceux à hémoglobine sont rose saumon, les autres rose franc. Les grains dits éosinophiles ont une couleur rouge vif. Les noyaux sont teints en vert plus ou moins foncé suivant la richesse du réseau chromatique.

γ) Dans certains cas, pour mieux mettre en évidence les parties hémoglobinifères d'une préparation, nous avons employé le procédé

(1) Une solution de bleu de méthylène, même très concentrée, dans l'eau salée à 0,75 0/0, ne colore pas du tout les éléments du sang desséché en couche mince.

(2) Il est inutile de conserver des préparations ainsi colorées sans les monter dans le baume. Elles ne donnent aucun renseignement de plus que les préparations examinées à sec, sans l'addition d'aucun réactif. Notamment les hématoblastes ne sont pas colorés.

indiqué par Foà et Carbone (*Ziegler's Beiträge*, V, 2, p. 228), et qui consiste, après que la préparation a été colorée par le bleu de méthylène, à ajouter sans la laver une solution à 2 0/0 d'acide chromique. On lave ensuite abondamment à l'eau, on sèche et on monte dans le baume. Les parties hémoglobinifères sont colorées en vert émeraude, les noyaux en bleu ou en violet foncés et les protoplasmas indifférents en bleu ou en violet pâles.

Mais la coloration est délicate, et de plus, les préparations ne sont pas indéfiniment conservables, parce que, malgré tout le soin qu'on apporte au lavage, il reste des traces d'acide chromique, qui, continuant à oxyder le bleu de méthylène, amène à la longue une coloration défectueuse et détériore la préparation. On peut cependant en tirer quelques renseignements utiles, au sujet de la constitution des cellules rouges.

2° Technique applicable aux pièces. — a) **Méthode de dissociation.** — Notre maître M. Hayem, nous a appris à ne pas négliger les préparations de viscères faites par le procédé suivant : on prend une parcelle du tissu, on la triture un peu sur un porte-objet propre, puis on l'étale en couche mince, comme on fait pour le sang. Les rapports des éléments sont détruits il est vrai, mais leur forme est bien conservée et tous les détails du noyau apparaissent avec une grande netteté. Il est même plus facile que sur des coupes d'étudier ici la proportion des divers éléments constituants des organes. Nous en avons obtenu de bons résultats, surtout pour la moelle des os et la rate. Après l'étalement, les lames sont traitées absolument comme les préparations sèches de sang.

b) **Méthodes pour les coupes.** — 1° *Fixation et durcissement.* — Il va sans dire que les pièces doivent être prises le plus près possible de la mort, sans quoi les figures cinétiques ont disparu ; cependant, même dans ce cas, on peut avoir des renseignements fort utiles. Ce qu'il faut rechercher avant tout, c'est la conservation de l'hémoglobine. On l'obtient par deux procédés :

α) Liquide de Müller, agissant en grandes quantités sur de petits morceaux pendant 48 heures. On lave ensuite à l'eau, jusqu'à ce que le liquide ne se teigne plus en jaune.

β) Liquide A de Hayem, agissant en grande quantité sur des morceaux de 5 millim. de côté au plus, pendant 3 à 5 heures au maximum. Lavage à l'eau pendant une demi-heure.

Dans les deux cas, au sortir de l'eau, les pièces sont placées dans l'alcool, puis coupées, soit directement, soit après inclusion dans le collodion, si elles ne sont pas assez dures.

Les deux liquides conservent bien l'hémoglobine et même les figures kariokinétiques des pièces fraîches. Mais la délicatesse de technique du second procédé compense et au delà l'état un peu granuleux des pièces fixées au Müller. Ce dernier inconvénient peut être évité, si on emploie de grandes quantités de liquide, si on le renouvelle fréquemment et si on ne place les pièces dans l'alcool qu'après expulsion complète par l'eau de sel de chrome (Stöhr : Lehrb. d. Histologie, p. 12. Iéna, 1887).

2° *Colorations.* — Nous avons employé les divers procédés ordinaires (picro-carmin, hématoxyline seule ou avec éosine), et nous avons aussi appliqué aux pièces les méthodes de coloration indiquées pour le sang.

Tous ces procédés sont utiles et donnent des renseignements, qui se complètent les uns les autres. Les derniers sont indispensables pour permettre la comparaison des figures trouvées dans le sang et dans les préparations par écrasement avec celles des coupes des viscères.

B. — Recherches sur les animaux jeunes et les fœtus d'animaux.

Afin de fixer nos idées sur plusieurs points contestés du rôle des organes hématopoétiques chez le œtus et le nouveau-né, nous avons entrepris un certain nombre de recherches, que nous croyons utile d'exposer ici en quelques pages.

Nous avons examiné des fœtus de mouton, des chiens et des chats nouveau-nés, des fœtus humains à différentes époques de leur évolution. Nos recherches ont consisté :

1° A constater dans différents territoires vasculaires la présence des cellules rouges et à déterminer approximativement leur nombre à l'aide des préparations de sang rapidement desséché en couche mince ;

2° A compter directement dans le sang, quand cela nous a été possible, ces mêmes cellules rouges, en employant le liquide colorant indiqué plus haut ;

3° A rechercher dans les organes hématopoétiques, par des dilacérations ou par des coupes, les cellules rouges et les éléments, qui leur donnent naissance.

Mais, avant d'aborder cet exposé, nous devons dire que les examens faits sur les organes et le sang des animaux nouveau-nés ne nous paraissent pas dans tous les cas applicables à l'homme. Sur des animaux n'ayant qu'une gestation de quelques semaines, le développement des organes au moment de la naissance différera à priori de ce qu'il est chez l'homme à la même époque. A ce moment, en effet, le développement des appareils et organes est fort variable suivant les espèces et il n'existe pas non plus de corrélation entre les différents appareils ou organes permettant d'apprécier à priori le développement d'un appareil en constatant celui d'un autre. Par exemple, le développement de l'appareil locomoteur ne permet en rien de préjuger de celui des différents organes de l'hématopoèse.

Par contre, il paraît exister un certain rapport entre la durée de la gestation et le développement des organes hématopoétiques, en sorte que sous ce rapport, le chat nouveau-né est moins voisin de l'état adulte que le chien et surtout que l'enfant nouveau-nés. Le foie du chat nouveau-né ressemble beaucoup à celui du fœtus humain de 5 mois.

1° Fœtus de moutons

Sur des fœtus, provenant de brebis fraîchement abattues et encore vivants, nous avons tenté de déterminer les points du maximum de l'activité hématopoétique pour les cellules rouges. Sur les fœtus de moins de 10 centimètres, la rate ne forme encore qu'un organe d'une extrême petitesse, alors que le foie est très développé et que la canalisation des os longs commence à peine à se faire. Nous n'avons donc employé que les plus développés de nos fœtus, à savoir :

Fœtus de mouton n° 1 de 160 millim. de long.
— — 2 de 105 —
— — 3 de 80 —

La numération nous a donné les résultats suivants, sur le mouton n° 1 : Sang de la veine jugulaire (1): N = 1,528,300, Rn = 16,895, B = moins de 1,400, on y voit des hématoblastes parfaitement reconnaissables ; sang du foie obtenu par piqûre de l'organe : N = 2,325,000, Rn = 8,742 (2), B = 4,402 ; sang de la rate par piqûre : N = 539,400, Rn = 41,333, B = 20,646 (3).

Fœtus de mouton n° 2 : Sang de la veine jugulaire : N = 954,000, Rn = 22,723, B = 8,241 ; sang du foie par piqûre de l'organe : N = 1,289,600, Rn = 32,134, B = 6,634. La rate était trop petite pour qu'on pût songer à faire la numération de son sang capillaire, elle formait un organe de 3 millim. de long, rosé, presque exsangue.

L'examen des préparations sèches colorées est bien plus instructif ; il nous a permis de constater que dans le sang du foie du mouton 1, à côté de nombreux globules rouges, présentant les formes nucléaires les plus variées, on trouvait des éléments tout à fait semblables par les dimensions, la forme, l'aspect homogène et hyalin du protoplasma, la forme du réticule nucléaire et qui ne s'en différenciaient que par l'absence d'hémoglobine. Des formes intermédiaires établissent le passage des cellules rouges hémoglobinifères aux cellules incolores, tandis qu'on n'en trouve pas entre celles-ci et les nombreux leucocytes de la préparation.

On ne rencontre de noyaux en trèfle que dans les cellules hémoglo-

(1) Avec M. Hayem, nous désignons par N le nombre des globules rouges au millim. c.; par Rn celui des cellules rouges ; par H celui des hématoblastes et par B celui des globules blancs. R indique la richesse en hémoglobine par millim. c., représentée en globules humains sains; G indique la valeur hémoglobique moyenne du globule, rapportée au globule rouge humain sain, supposé égal à 1.

(2) Dont un vu en karyokinèse.

(3) Il y a là une apparente superproduction de cellules rouges et de leucocytes, qui nous paraît due au ralentissement considérable de la circulation et à l'asphyxie, La rate semble avoir agi comme un filtre retenant les éléments sanguins les plus volumineux (cellules rouges et leucocytes) et laissant passer les moins volumineux, globules rouges vrais. Nous ne croyons pas pouvoir nous baser sur ce résultat pour établir le rôle de la rate. D'ailleurs, nous retrouverons plus loin un fait analogue sur la rate d'un fœtus humain, examiné trop longtemps après son expulsion et chez lequel la circulation était extrêmement ralentie.

binifères. Mais les noyaux doubles se rencontrent dans les deux variétés de cellules. Enfin dans les cellules incolores, on voit un très petit nombre de formes karyokinétiques. Tous les globules blancs présentent des formes jeunes.

L'activité hématopoétique du foie chez ce fœtus ne nous paraît donc pas pouvoir être mise en doute. Au contraire, les préparations de rate nous montrent l'absence des cellules incolores et de leurs intermédiaires avec les cellules rouges.

Sur le mouton 3, nous avons pu voir que les cellules rouges du sang de la veine jugulaire renferment pour la plupart un seul noyau sphérique moyennement colorable, pas de karyokinèses. Dans les préparations de son foie, un peu altéré, on constate encore la présence d'un très grand nombre de cellules rouges bien reconnaissables.

Étude des *coupes* du foie du mouton 1. — Nous avons pu confirmer les descriptions de Foà et Salvioli et éclaircir quelques points laissés en doute par ces auteurs, notamment le mode de passage des petites cellules hyalines dans la circulation. De l'étude analytique (voir aux pièces justificatives), nous ne voulons extraire ici que les points qu nous intéressent le plus directement.

A côté des divers éléments constitutifs du foie, il existe dans le foie fœtal deux sortes d'éléments spéciaux : des grandes cellules à noyau polymorphe, qui sont les hématoblastes de Foà et Salvioli ou cellules à noyau bourgeonnant de Bizzozero et de Neumann et des petites cellules hyalines, incolores, à noyau rond ou ovalaire, les cellules hyalines de Foà et Salvioli

Petites cellules. — Elles donnent à la coupe un aspect tout particulier pointillé, que le grossissement de 74 à 100 D. résout en une série de petits noyaux arrondis. Disséminés dans toute la coupe, ces noyaux se condensent au niveau des espaces intertrabéculaires et segmentent même les travées de cellules. Ils constituent ainsi des amas plus denses au centre qu'à la périphérie, mal limités, se touchant ou se continuant par leurs angles. Ces amas mesurent 18 à 30 μ et sont séparés par des espaces de 20 à 40 μ.

Un grossissement de 400 D. montre que ces amas sont formés par des cellules juxtaposées, polyédriques par pression réciproque, renfermant chacune un noyau de 4 à 5 μ, plus petit que celui des cellules hépatiques. Souvent on ne peut distinguer de limites entre les cellules et l'amas semble formé d'une plaque de protoplasma semée de noyaux, qui ne diffèrent pas de ceux des cellules individualisées.

Grandes cellules. — Ce sont des corps protoplasmiques de 10 à 15 μ, situés entre les cellules hépatiques, rarement entourés d'une couronne de petites cellules hyalines, quelquefois en rapport avec des espaces vasculaires. Leur protoplasma est hyalin ou très finement granuleux, mais toujours facile à différencier à première vue de celui des cellules hépatiques environnantes. Sa forme est polygonale, souvent les angles sont aigus, en pointes, sinon pourvus de prolongements, il ne paraît pas y exister d'exoplasme. Ces corps cellulaires renferment un noyau de forme et de dimensions très variables. Tantôt le noyau est unique, sphérique, remplissant parfois la presque totalité de la cellule ; tantôt sa forme est irrégulière, le noyau pouvant affecter la forme ovalaire, avec ou sans angles rentrants, la forme en boudin ou même se montrer absolument mûriforme. La disposition en boudin, la plus fréquente est elle-même susceptible d'un grand nombre de variétés, qui toutes conduisent peu à peu à l'aspect mûriforme. Le boudin cylindrique et régulier, presque toujours replié sur lui-même, présente d'abord des étranglements, puis tend à s'égrener en bourgeons sphéroïdaux, qui restent d'abord accolés en chapelet. Que les sphérules s'écartent et l'on aura une plaque protoplasmique semée de noyaux et sans interstices cellulaires. Les interlignes survenant, on aura les amas de petites cellules hyalines.

Les rapports de ces deux sortes d'éléments avec les capillaires ou du moins les espaces sanguins doivent nous arrêter. Il existe dans ce foie, des capillaires à paroi distincte et des espaces remplis de globules rouges où l'on ne peut constater l'existence d'une paroi. Ces sinus sanguins ne font que reproduire ici les sinus de la moelle des os et de la rate ; ils sont limités ordinairement par des amas de petites cellules et dans les parties congestionnées du foie, on peut voir les petites cellules hyalines, dissociées par les globules rouges, se détacher de leurs congénères. L'amas entier peut ainsi se morceler et être emporté peu à peu par la circulation. Par places on peut noter la présence de globules rouges au contact des grandes cellules à noyau polymorphe, qui n'étaient plus rattachées au foie que par le 1/4 ou le 1/5 de leur circonférence.

L'examen de ce foie me paraît donc prouver la transformation des grandes cellules en petites cellules hyalines et le passage de celles-ci dans le torrent circulatoire. Si nous nous reportons à l'étude des préparations du sang de ce même foie, nous pourrons voir que les éléments incolores analogues aux cellules rouges et leurs intermédiaires représentent très probablement ces éléments hyalins en voie de se charger d'hémoglobine. Ainsi serait établie la filiation complète de la grande cellule hématopoétique à la cellule rouge, par l'intermédiaire des cellules hyalines incolores, se chargeant d'hémoglobine dans le plasma des sinus sanguins du foie.

Les préparations du foie du mouton 2 sont moins instructives, parce que la fixation en a été défectueuse ; mais elles confirment ce que nous avons dit de la topographie du foie fœtal et de l'existence des petites cellules hyalines et des grandes cellules à noyau polymorphe.

2° Chien nouveau-né

Nos recherches ont porté sur 3 chiens caniches, nouveau-nés, de la même portée et qui ont été sacrifiés tous trois le même jour. Les résultats provenant de l'un sont donc autant que possible applicables aux deux autres.

Résultats de la numération faite comparativement dans différents points du système vasculaire. Sang de l'oreille : N = 5,161,500, R = 3,875,000, G = 0,77, Rn = moins de 720, B = 1,440, H = 124,000 ; sang du foie obtenu par piqûre de l'organe : N = 5,239,000, Rn = 720, B = 4,784, H = 127,441.

Le chien nouveau-né ne possède donc qu'une très petite quantité de cellules rouges et, sous ce rapport, il se rapproche du nouveau-né humain, où M. Hayem les a vainement cherchés. Par contre, la formation hématoblastique du sang est déjà fort active, puisque nous en trouvons 125,000, malgré le jeûne de trois jours auquel nous avions soumis nos animaux, afin de faire disparaître du sang les gouttelettes graisseuses, qu'on y rencontre abondamment chez les jeunes allaités.

L'étude des préparations en couche mince du sang desséché confirme ces résultats.

Dans le sang de l'oreille, les globules rouges vrais forment la presque totalité des éléments figurés de la préparation. Comme chez tous les animaux jeunes à hématopoèse active, ils présentent de grandes inégalités de diamètre et de coloration. Les seules et très rares cellules rouges, qu'on y rencontre, sont des éléments à protoplasma pâle, à noyau unique peu coloré. Comme leucocytes, on ne trouve que : 1° des globules à gros noyau pâle et à protoplasma peu épais ; 2° des globules à noyau segmenté, dont le protoplasma renferme quelquefois deux à trois granulations laissées incolores par le bleu de méthylène, mais pas de véritables leucocytes de Semmer.

Dans le foie, les cellules rouges sont rares, mais cependant un peu plus nombreuses que dans le sang capillaire. Presque toutes ont un seul noyau sphérique, petit. Les autres formes sont extrêmement rares. On y trouve les mêmes variétés de leucocytes que dans le sang de l'oreille, mais nous avons noté quelques leucocytes de Semmer.

Le sang, obtenu de la moelle des os (1) par simple compression, donne, à côté de globules rouges et de cellules de la moelle, des globules rouges à noyau plus nombreux que dans le cœur et même que dans le foie, et présentant les formes nucléaires suivantes : 1° noyau unique, ordinairement de volume moyen ; 2° rares noyaux doubles ; 3° très rares noyaux lobés et en trèfle. Pas de formes cinétiques. Les globules blancs sont pour la plupart à noyau diffusé, c'est-à-dire sans filaments de chromatine visibles, ou des types à gros noyau pâle. Il existe en outre des leucocytes de Semmer et des éléments analogues, mais dont les granulations se colorent vivement par le bleu de méthylène.

Sur des coupes méthodiques, le foie du chien nouveau-né présente des traces d'hématopoèse active, mais bien réduites. A savoir : de rares grandes cellules à noyau polymorphe et de rares amas de petites cellules hyalines.

Les grandes cellules sont formées d'un corps cellulaire sans exo-

(1) Le nombre de granulations d'aspect variable et de nature d'ailleurs indéterminée, que l'on rencontre dans les préparations sèches de rate, de moelle et même de foie, ne permet pas de juger de la présence ou de l'absence des hématoblastes. Le mode de préparation indiqué est aussi insuffisant pour mettre en évidence les grandes cellules à noyau bourgeonnant, pour lesquelles nous recommandons les coupes méthodiques.

plasme, de 12 μ sur 5 à 32 μ sur 25, très finement granuleux, plus clair que celui des cellules hépatiques, et d'un noyau de 7 à 17 μ de formes très variables, mais constitué en dernière analyse par un boudin irrégulier, diversement contourné. On trouve des formes en C, en S, en couronne, des faisceaux de 3 à 4 boudins parallèles ; on peut aussi noter des cellules où la chromatine nucléaire est diffusée dans tout l'élément et d'autres où le noyau forme une masse bosselée, mûriforme. Je n'ai pas noté de figures rapportables à la mitose vraie.

Les petites cellules, cellules hyalines de Foà et Salvioli ; forment encore des amas. Mais au lieu de se toucher, les amas sont ici complètement isolés. Leurs éléments constitutifs sont des cellules de 4 à 6 μ, hyalines, homogènes, sans exoplasme, plus ou moins bien individualisées par des traits de séparation. Elles renferment un noyau de 2,5 à 3 μ 5, foncé, sans réticule chromatique distinct, jamais karyokinétique.

Les grandes cellules et, les amas de petites cellules coupent les travées hépatiques. Souvent, sur les pièces injectées, on voit un très fin capillaire traverser un amas de petites cellules. Mais je n'ai pu ici m'assurer de l'absence de paroi propre aux capillaires en rapport avec les amas ; ou pour mieux dire aucune des figures que j'en ai vu ne m'a paru suffisamment démonstrative.

3° Chat nouveau-né

Au point de vue de l'état du foie et des organes sanguificateurs, à celui du nombre des cellules rouges en circulation, le chat nouveau-né ressemble au fœtus humain de 6 mois.

Sur 7 chats nouveau-nés que nous avons examinés, les nos 1, 2, 3, sont d'une même portée, 4 et 5 d'une autre portée, 6 et 7 d'une troisième portée, mais de la même mère que les trois premiers. 1, 2, 3, 6 et 7 sont restés deux jours sans nourriture, 4 et 5 ont été sacrifiés sans avoir été soumis au jeûne. Cependant il n'existe pas de différences notables entre les préparations provenant des différents animaux, sauf peut-être pour les hématoblastes, dont le jeûne prolongé fait toujours diminuer notablement le nombre.

Résultats fournis par la numération des éléments du sang dans les différents territoires vasculaires (chat n° 6, le 7 ayant été conservé comme témoin pour l'étude des coupes de foie injecté). Cœur gauche : N = 4,101,300, H = 124,000, Rn = 7,502, B = 1,860; veine mésentérique N = 2,793,100, H = 144,000, Rn = 10,757; foie : N = 4,854,600, H = 124,000, Rn = 14,043, B = 15,500; rate : N = 2,985,300, H = 97,340, Rn = 2,573, B = 21,948.

On voit donc que, dans les différentes régions examinées, il existe de grandes différences dans le nombre des cellules rouges (Rn). Le cœur étant pris comme moyenne, on en trouve le double dans le foie et dans la rate 1/3 du nombre noté dans le cœur. Le foie aurait donc chez le chat nouveau-né un rôle hématopoétique très important, tandis que celui de la rate serait pour le moins douteux, puisque cet organe ne renferme qu'un nombre de cellules rouges moindre que dans le cœur. Quant au nombre considérable de cellules rouges noté dans la veine mésentérique, il ne saurait s'expliquer que par un reflux du sang du foie dans la veine porte. Cette veine étant dépourvue de valvules, le reflux se fait aisément dès que l'abdomen est ouvert, puisque sa pression normalement positive est réduite à zéro et que les effets faits par l'animal ont d'autre part pour résultat de chasser le sang hors du thorax.

Ici encore l'examen des préparations sèches confirme les données de la numération, mais avec quelques détails en plus.

Le sang capillaire (chats 1, 2, 3, 4, 5), contient, en outre, des globules rouges un peu inégaux et des hématoblastes très volumineux, de rares cellules rouges de variétés vieilles, c'est-à-dire fortement chargées d'hémoglobine et munies d'un seul petit noyau rond très coloré. Toutes les variétés de globules blancs y sont représentées, mais les plus fréquentes sont les formes petites à noyau rond très coloré et à mince protoplasma, et à grand noyau très pâle, arrondi, différencié ou diffusé, entouré d'une mince couche de protoplasma hyalin.

Le foie (chats 4 et 5) fournit un sang abondamment pourvu de cellules rouges, à peu près toutes avec un seul noyau sphérique ; mais à côté des cellules à petit noyau foncé, on en trouve à noyau pâle et volumineux : il existe donc ici des cellules rouges jeunes, qui ne se rencontrent pas dans le sang capillaire. Les leucocytes ne présentent aien de spécial.

Le sang provenant de la rate (chat 5) contient moins de cellules rouges que celui du foie ; à cause du mélange avec les cellules spléniques, il est difficile d'apprécier la fréquence des différents types de leucocytes.

L'examen histologique des organes hématopoétiques nous a donné des résultats intéressants, que nous exposerons brièvement.

Foie. — Sur le chat 6 vivant, nous avons injecté le foie par la veine porte, au moyen de gélatine colorée. Nous n'insisterons pas sur la topographie du foie et sur l'absence de lobulation normale qu'on y remarque. A un faible grossissement (× 30 D.), on distingue un réseau formé de petits noyaux ronds fortement colorés, qui s'accumulent par places pour former des sortes de confluents irrégulièrement étroits, réunis les uns aux autres par des traînées de noyaux. Confluents et traînées sont mal limités à leur périphérie ; cependant on peut noter que leurs mailles, plus claires, sont remplies par des cellules hépatiques, au niveau desquelles les noyaux sont beaucoup plus rares. D'autre part, l'axe des confluents et la plupart des zones de réunion sont occupés par un capillaire sanguin injecté. Au niveau des parties où il n'existe que des cellules hépatiques, les capillaires sont beaucoup plus larges.

De plus forts grossissements, et l'étude avec les objectifs à immersion homogène montrent de nouveaux détails. Des vaisseaux de 40 à 160 μ, partent à angle droit les capillaires ramifiés et anastomosés. Le diamètre de ces vaisseaux varie de 3 à 70 μ. On peut en voir un certain nombre, qui paraissent se terminer en pointe au niveau des amas de petites cellules. Les cellules hépatiques ne présentent rien de spécial, notons seulement que leur protoplasma est très grossièrement granuleux et que les diamètres moyens de leurs corps cellulaires sont de 16 à 18 μ et ceux de leurs noyaux, de 5 à 6 μ.

Les petits noyaux ronds sont plus intéressants. Entourés de corps cellulaires polyédriques, ils forment 2 à 4 rangées autour des vaisseaux capillaires. Plus les amas sont volumineux, plus les noyaux sont petits ; ainsi nous avons noté comme moyennes, dans les grands amas des corps cellulaires de 3,5 à 5 μ avec des noyaux de 2,5 μ et dans les petits 5 à 7 μ pour la cellule 3,5 à 5 μ pour le noyau. On rencontre d'ailleurs toutes les dimensions intermédiaires.

Les corps cellulaires minces, hyalins, polyédriques par pression réciproque, ne contiennent pas d'hémoglobine, ne sont pas éosinophiles ou du moins ne prennent cette couleur qu'un peu plus fortement que les cellules hépatiques voisines. Les noyaux prennent d'une façon intense toutes les matières colorantes, qui y dessinent un réticule à fibrilles épaisses, serrées à gros points nodaux et logé dans une substance qui elle-même se colore assez vivement ; en sorte qu'il est nécessaire, pour résoudre ces réseaux, d'employer de très forts grossissements (X 1400 D.) avec l'objectif à immersion homogène et l'éclairage d'Abbe. Ces éléments se différencient nettement des cellules épithéliales biliaires par leur disposition en amas irréguliers, la forme irrégulièrement polyédrique de leurs corps cellulaires et la situation centrale de leurs noyaux.

Au voisinage des amas, les capillaires sont ordinairement limités par une paroi propre ; nous avons cependant trouvé des points où aucune menbrane ne séparait les cellules hyalines de la cavité du capillaire; qui prenait ainsi la valeur d'un sinus sanguin.

Çà et là, on trouve en outre de rares éléments gigantesques d'un diamètre moyen de 22 μ. Ils contiennent un noyau généralement replié en boudin, quelquefois en couronne, parfois segmenté. Ce sont les hématoblastes de Foà et Salvioli. Leur nombre peut être très-approximativement estimé à 200 ou 300 par c. c. Ces cellules sont formées d'un protoplasma et d'un noyau. Ce premier est homogène ou très finement granuleux, incolore, très faiblement éosinophile, de forme irrégulière. Quelquefois, dans les préparations au baume, on ne peut établir sa limite précise, il semble s'amincir à la périphérie et ne porte pas de traces d'empreintes à sa surface. Le noyau, ou pour mieux dire la masse nucléaire, occupe environ les 2/3 du protoplasma. Il mesurait dans un cas 15 μ sur 11. Le boudin, qui le constitue, est ordinairement replié plusieurs fois sur lui-même, divisé en segments ovoïdes continus, ou simplement contigus, ou même tout à fait indépendants. Ces segments mesurent 3, 4 μ de largeur, comme le boudin qui leur a donné naissance et 5 à 7 μ de longueur. Le réseau chromatique en est mal dessiné, il est formé de filaments modérément fins, très rapprochés, enlacés les uns avec les autres en un réseau à mailles allongées selon l'axe du boudin. Il n'existe pas de nucléoles. Ces éléments sont toujours voisins d'un capillaire, qu'ils touchent par une de leurs faces, tandis que par l'autre ils répondent à des travées de cellules hépatiques, dans lesquelles ils se creusent une logette hémisphérique. Enfin, ils sont souvent en rapport avec des petites cellules polyédriques.

Ce foie est donc parfaitement analogue à ceux du fœtus de mouton et du chien nouveau-né. Nous allons voir que dans la moelle des os et dans la rate du chat nouveau-né on trouve aussi ces différentes sortes de cellules, avec les mêmes caractères.

Moelle des os. — Les coupes de moelle, examinées avec l'objectif à immersion homogène, paraissent formées d'un amas de cellules polyédriques de 7 à 10 μ du diamètre, entre lesquelles on trouve çà et là des espaces vasculaires remplis de globules rouges, avec quelques éléments nucléés, globules blancs et cellules rouges. De plus, il existe de place en place un grand nombre de cellules plus volumineuses à noyau en boudin, en couronne, ou bourgeonnant semblables aux grandes cellules du foie et de la rate. Enfin, en certains points, on peut voir un tissu conjonctif réticulé, ne présentant rien de spécial.

Les petites cellules sont formées d'une masse de protoplasma hyalin, polyédrique par pression réciproque, faiblement éosinophile et contenant un noyau central, arrondi ou ovalaire, qui ne se différencie en rien des noyaux des petites cellules hyalines du foie. Dans aucun d'eux nous n'avons pu voir de figures karyokinétiques. Aucune de ces cellules ne renferme de grains éosinophiles.

Les grandes cellules sont isolées au milieu des petites, qui les entourent de toutes parts. Leur forme est irrégulièrement polyédrique à angles émoussés, elles mesurent 12 à 19 μ. Quand on les examine à l'éclairage d'Abbe avec un diaphragme punctiforme, on peut voir à leur périphérie une zone plus claire indiquant peut-être la présence d'un exoplasme, ou bien d'un anneau de tissu conjonctif réticulé. Jamais nous n'y avons observé les bourgeons décrits par Malassez. Le protoplasma finement granuleux est médiocrement éosinophile. Peut-être leur coloration plus forte tient-elle seulement à leur plus grande épaisseur. Leur noyau, de position variable, mesure 8 à 10 μ. Il est tantôt unique, tantôt divisé. Dans le premier cas il peut être mamelonné, en fer à cheval ou en couronne. Le boudin peut aussi présenter des segments ovalaires. Dans quelques éléments, la chromatine du noyau est plus ou moins diffusée dans le corps cellulaire et ne s'accumule que par places en confluents mal délimités. Dans les noyaux en boudin, le réticule chromatique est en tout semblable à ce que nous avons décrit pour le foie. Faute d'injection, nous n'avons pu établir leurs rapports avec les vaisseaux sanguins.

Rate. — L'organe (chat 3), où les corpuscules de Malpighi ne sont pas encore développés, est fortement congestionné. On note donc de grands îlots de globules sanguins séparés par des bandes de tissu splénique proprement dit. Ces points ressemblent beaucoup à ce que nous avons décrit pour la moelle des os. Les petites cellules qu'on y voit ne peuvent être différenciées ni des leucocytes, ni des cellules rouges. Mais le fait important, c'est la présence d'un nombre extrêmement restreint, il est vrai, de grandes cellules à noyau bourgeonnant ou en boudin, en tout semblables à celles de la moelle des os. Nous ignorons leurs rapports avec les vaisseaux.

Les coupes d'un ganglion lymphatique du mésentère (chat 7) ne m'ont pas permis d'y découvrir une seule grande cellule à noyau polymorphe. On n'y voit que des cellules polyédriques à gros noyau, comme dans tous les ganglions lymphatiques normaux.

On peut voir d'après ces quelques recherches, que le sang des fœtus et animaux nouveau-nés contient toujours un certain nombre d'hématoblastes, origine des globules rouges sans noyau, qu'on y rencontre en voie d'évolution, ce qu'indiquent les différences de diamètre constatées dans ces éléments.

Mais, en outre, il renferme un nombre de cellules rouges d'autant plus grand que l'animal est plus jeune et parmi ces cellules rouges on trouve d'autant plus d'éléments jeunes et de figures de division qu'on se rapproche davantage du début de la vie fœtale.

Le sang du foie contient toujours plus de cellules rouges et de formes jeunes de ces éléments que le sang capillaire général. Nous ne pouvons malheureusement rien conclure de nos examens du sang de la rate et de la mœlle des os.

Enfin, l'étude des coupes des différents organes hématopoétiques nous a permis de confirmer les données de Foà et Salvioli pour le foie fœtal. Cet organe est bien réellement hématopoétique et cette fonction existe encore chez le chat et le chien nouveau-nés. Elle s'exerce par les grandes cellules à noyau polymorphe, qui donnent naissance à des cellules hyalines, lesquelles paraissent bien se déverser dans des lacunes sanguines, pour s'y charger d'hémoglobine et s'y transformer en cellules rouges. Nous reviendrons plus bas sur ce point.

La moelle des os et la rate contiennent chez le chat nouveau-né des hématoblastes de Foà et Salvioli ; mais ces éléments, plus nombreux à cette époque, dans la moelle des os que dans le foie de cet animal, ne sont dans la rate qu'en nombre extrêmement restreint. Il semble donc qu'à la naissance, le foie soit sur le point de terminer son rôle hématopoétique, que la rate le commence à peine et qu'il soit dévolu en presque totalité à la moelle des os, alors en pleine formation, ainsi que le système osseux. Par contre, rien ne prouve à cet âge la participation à l'hématopoèse des ganglions lymphatiques.

C. — Recherches sur les fœtus humains.

Il importait au plus haut point de poursuivre chez l'homme les recherches faites sur les fœtus et les nouveau-nés d'animaux, en employant les mêmes méthodes. Mais, pour ce faire, il était nécessaire d'employer des fœtus frais, car les éléments du sang, extrêmement altérables, ne résistent pas à la putréfaction. Malgré ces difficultés, il nous a été possible de réunir en 1889 et 1890 une collection de fœtus d'âges différents, sur qui nous avons pu rechercher l'existence des cellules rouges dans les différentes parties du système vasculaire, examiner histologiquement les organes hématopoétiques et même pour l'un d'eux en faire la numération.

Voici la liste des fœtus sur lesquels ont porté nos recherches avec les numéros d'ordre que nous leur avons donnés :

Fœtus de..... 2 mois 1/2....... N° 5
» de..... 3 mois.......... N° 4
» de..... 3 mois 1/2....... N° 8
» de..... 4 mois 1/2....... N° 1
» de..... 6 mois.......... N° 2
» de..... 6 mois.......... N° 3
» de..... 7 mois.......... N° 6
» de..... 9 mois.......... N° 7

Renseignements fournis par la numération des cellules rouges. — La numération n'a pu être faite que sur un seul de ces fœtus (n° 5, 2 mois 1/2). Voici les chiffres que nous avons obtenus :

Sang du cœur : N = 2,607,000, Rn = 4,960, B = 3,720 ; sang du foie : N = 2,194,000, Rn = 20,212, B = 41,757 ; sang de la rate obtenu comme celui du foie par piqûre de l'organe : N = 561,000, Rn = 2,573, B = 5,146.

Ces derniers chiffres tout au moins sont évidemment trop faibles et nous croyons pouvoir, comme nous l'avons dit pour le mouton, les attribuer au ralentissement extrême de la circulation ; pour la même raison, nous n'avons pu compter le sang dans la veine porte.

Il existe donc une prédominance énorme du nombre des cellules rouges et des globules blancs dans le sang du foie, sur celui des mêmes éléments dans le cœur. Nous ne pouvons rien conclure du résultat de la numération du sang de la rate ; cependant nous devons faire observer que, en admettant la rétention simple dans la rate de tous les éléments du sang, il faudrait, pour obtenir le même chiffre d'éléments figurés que dans le cœur, multiplier chacun des nombres par 4, ce qui donnerait seulement encore pour la rate 10,000 cellules rouges et 20,400 globules blancs, soit à peu près la moitié de ce qu'on en trouve dans le foie.

Renseignements fournis par l'examen comparatif des préparations sèches du sang général et du suc ou du sang des organes hématopoétiques. — a) *Sang.* — Toutes les fois que nous avons pu faire des préparations avec le sang du cœur ou des vaisseaux capillaires, chez un fœtus frais, nous y avons trouvé des hématoblastes d'Hayem (fœtus de 2 mois 1/2, 3 mois, 4 mois 1/2), qui font normalement partie constituante du sang fœtal, aussi bien que du sang adulte.

Les globules rouges sont remarquables par la grande inégalité de leurs diamètres et de leur coloration. Il existe dans le sang fœtal, à côté des globules de dimensions moyenne, des globules grands et petits ; on peut rencontrer la poikilocytose, tel était le cas chez le fœtus 1 (4 mois 1/2)........

Les cellules rouges font constamment partie du sang fœtal, mais disparaissent à la fin du neuvième mois, comme l'a constaté M. Hayem sur le nouveau-né. Leur nombre varie beaucoup suivant les divers moments de la vie fœtale. Dans le cours du troisième mois (fœtus 5), elles sont nombreuses, la majorité, il est vrai, ne possèdent qu'un seul noyau sphérique, quelquefois accompagné d'un petit globule chromatique, occupant l'un des pôles du noyau. On trouve aussi un assez grand nombre de cellules rouges à deux noyaux égaux ; mais je n'ai pu y rencontrer de cellules à noyau folié, ni de figures karyokinétiques. Au quatrième mois (fœtus 8), les caractères sont sensiblement les mêmes. Mais à partir du cinquième mois (fœtus 1, 2, 3 et 6), les cellules rouges diminuent considérablement de nombre. On ne rencontre plus guère que des éléments uninucléés et encore, au lieu d'éléments à noyau volumineux entouré d'une mince bande de protoplasma, ne trouve-t-on que des éléments à noyau petit, fortement coloré, dans un protoplasma relativement volumineux, mais conservant ses crêtes d'empreinte.

Les globules blancs sont rares dans le sang du cœur gauche du fœtus, un peu moins rares dans le sang capillaire. Ici encore il existe des différences notables suivant les âges ; mais en règle générale, on trouve chez le fœtus davantage que chez l'adulte de formes leucocytaires petites, constituées par un noyau fortement coloré, entouré d'une très mince couche de protoplasma hyalin très amiboïde et d'autre part, un grand nombre de leucocytes hyalins plus volumineux, les uns à noyau diffusé, les autres à noyau différencié, mais pâle. Les formes à noyau pâle palmé, ou à noyau fortement coloré et segmenté sont moins fréquentes que chez l'adulte. Ces caractères sont d'autant plus accusés que le fœtus est plus jeune.

Dans tous les cas, les leucocytes de Semmer ou à grains éosinophiles sont extrêmement rares ; plusieurs fois je n'ai pu réussir à en voir dans mes préparations.

b) *Sang ou suc du foie et sang des veines sus-hépatiques.* — Nous n'insisterons pas sur les caractères des globules rouges et des éléments propres à l'organe qui a fourni le sang ; ces particularités n'ont rien à voir avec le sujet qui nous occupe.

D'une façon générale, les cellules rouges sont plus nombreuses dans le sang du foie fœtal, que dans tous les autres départements vasculaires, sauf la moelle des os et cette proposition est d'autant plus vraie que l'on considère des fœtus moins avancés dans leur évolution ; car bientôt le nombre des cellules rouges augmentera dans la rate et dans la moelle des os, tandis qu'il diminuera dans le foie.

Les variétés de cellules rouges qu'on y observe sont fort intéressantes. Ainsi dans le sac du foie du fœtus de 2 mois 1/2, le plus grand nombre des cellules rouges est constitué par des éléments uninucléés ; mais ici les noyaux clairs et volumineux, situés dans une masse protoplasmique relativement peu abondante et pauvre en hémoglobine, sont fort nombreux. On trouve aussi beaucoup de cellules à deux noyaux égaux et à un seul noyau avec globules chromatiques polaires. Enfin il existe, mais en petit nombre, des cellules rouges à noyau folié, quelquefois très compliqué, puisque j'ai vu dans ce sang un de ces noyaux ne posséder pas moins de huit segments. Dans la même préparation, nous avons également pu noter une de ces grandes cellules à noyau polymorphe, sur lesquelles nous reviendrons plus loin en étudiant les coupes du foie. Le sang du foie des fœtus 8 et 1 (3 m. 1/2 et 4 m. 1/2) est très analogue. J'ai pu noter un diaster dans une cellule rouge du foie du fœtus 4 (3 m.). Par contre, dans les fœtus 1, 2, 3 et 6 (4 m. 1/2, 6 m., 6 m. et 7 m. 1/2), le nombre des cellules rouges à noyau volumineux avait notablement diminué et on trouvait en majorité des cellules à un seul noyau rond, foncé et de petit volume. Il est même noté dans plusieurs cas (fœtus 1 et 2) que leur nombre n'atteignait pas celui des mêmes éléments dans les préparations de moelle des os. En un mot, tandis que chez les fœtus jeunes, on trouve en abondance des preuves d'une grande activité hématopoétique du foie, chez les fœtus plus âgés, ces indices d'activité se reportent sur la rate et surtout la moelle des os.

Nous ne pouvons, avec la technique employée, faire ici une étude comparative des globules blancs dans le suc des différents organes hématopoétiques du fœtus ; il faudrait pouvoir s'assurer qu'on ne les confondra pas avec les cellules ou les noyaux, provenant de l'organe lui-même.

c) *Sang et suc de la rate.* — Dans la pulpe splénique du fœtus, l'évolution de l'activité hématopoétique semble suivre une marche inverse de celle qu'elle a dans le foie.

Des renseignements fournis par nos préparations, nous ne voulons retenir ici que ce qui a trait aux cellules rouges. Nous avons constaté chez le fœtus 5 (2 m. 1/2) des signes évidents d'activité hématopoétique de la rate ; car on y constate la présence de toutes les formes nucléaires possibles, sauf la kinèse. Il en était de même chez le fœtus 1 (4 m. 1/2). Chez les deux, il y avait dans la rate plus de cellules rouges que dans le cœur et moins que dans le foie.

Il faut remarquer que, dans ces préparations, on ne trouve pas les grandes cellules à noyau polymorphe que nous décrivons dans les coupes ; probablement parce qu'elles sont trop solidement fixées au tissu. Cette absence se constate aussi dans la moelle des os.

On voit, en outre, des globules rouges légitimes toujours fort nombreux et des cellules blanches de la moelle, fort difficiles à distinguer des globules blancs et que nous ne voulons pas décrire ici, car nous n'avons pas dirigé notre attention spécialement sur ce point

d) Pulpe de la moelle des os. — Nous n'ajouterons à ce sujet que peu de chose touchant les cellules rouges qu'on y trouve. Tandis que dans la moelle des os du fœtus 4 (4 m. 1/2), les cellules rouges sont nombreuses, il est vrai, mais petites, avec un petit noyau rond fortement coloré et moins abondantes que dans le foie, nous en avons trouvé une énorme quantité dans la moelle du fœtus 2 (6 mois).

Nous devons, avant de terminer, ajouter que dans aucune de nos préparations de foie, de rate et de moelle, nous n'avons pu retrouver les prétendues formes de passage entre la cellule rouge et le globule rouge. La cellule rouge à noyau jeune, volumineux et pâle, paraît susceptible d'une part de se diviser par karyokinèse, ou peut-être aussi par division directe, donnant naissance à deux éléments hémoglobinifères nouveaux, d'autre part, de vieillir. Les indices de ce dernier état sont la petitesse du noyau, qui se colore vivement et l'augmentation d'hémoglobine du corps cellulaire, qui sans augmenter de volume, arrive à paraître plus volumineux que le noyau ; en sorte que l'élément vieilli est dans son entier plus petit qu'il n'était à l'état jeune. Mais cette atrophie nucléaire ne dépasse jamais un certain degré et nous n'avons pas trouvé de noyau plus petit que 2 μ 5. La question de la transformation des cellules rouges en globules rouges par chromatolyse, nous paraît donc devoir être résolue par la négative.

Renseignements fournis par l'étude des coupes faites sur le foie fœtal humain. — Nous avons étudié sous ce rapport le foie du fœtus 5 (2 m. 1/2), 4 (3 m.), 1 (4 m. 1/2), 6 (7 m. 1/2) et 7 (9 m.). Ce dernier est, il est vrai, pathologique et, si nous sommes obligés de faire des réserves à son sujet, nous ne croyons pas que la lésion aiguë dont il était atteint l'ait modifié suffisamment, pour qu'il doive être rejeté.

A 2 mois 1/2 (fœtus 5), la lobulation n'est indiquée que par la situation des gros vaisseaux ; mais non par la disposition des travées en rayons de roue, qui font si facilement reconnaître le lobule à centre sus-hépatique, dans le foie normal de l'adulte. En plus, les travées cellulaires sont en grande partie masquées par un très grand nombre de petits noyaux ronds fortement colorés.

Mais il faut recourir aux forts grossissements pour bien voir les éléments constitutifs de ce foie. Passons sur les espaces portes et sur les cellules hépatiques, qui ne présentent rien d'intéressant au point de vue hématologique.

Comme dans les foies d'animaux nouveau-nés, les éléments qui nous intéressent sont les petites cellules hyalines et les grandes cellules à noyau polymorphe. Les premières ont ici 5 à 7 μ de diamètre et renferment un noyau de 2,5 à 5 μ, toujours plus petit que celui des cellules hépatiques. Disséminées sans ordre dans le foie, elles se rassemblent par places en amas compactes, leur nombre est ici extrêmement considérable. Il en résulte que les grandes cellules sont difficiles à voir : on peut cependant les distinguer avec quelque patience. Elles sont constituées par un protoplasma hyalin de 12 à 17 μ, renfermant un noyau en boudin droit, en C, en fer à cheval ; rarement il est mamelonné ou en voie de segmentation. On ne trouve guère que des formes peu compliquées.

Nous n'avons pu ici nous rendre compte des rapports existant entre les grandes cellules et les petites, entre les deux et les capillaires, parce que l'injection avait déchiré les vaisseaux et fusé, dissociant un peu les éléments.

A 4 mois 1/2 (fœtus 4), les petits noyaux ronds appartenant aux cellules hyalines sont déjà moins pressés. Ils commencent à former des zones encore reliées entre elles par des prolongements de leurs angles. Il en résulte que le foie présente un aspect réticulé. Nous ne reprendrons pas la description des petites cellules hyalines, qui ressemblent à celles du foie précédent et des foies d'animaux nouveau-nés. Notons seulement que leurs noyaux restent toujours plus petits que ceux des cellules hépatiques et quelquefois montrent une saillie punctiforme à la surface de la sphère qu'ils forment. Généralement on peut voir des traits de séparation entre les différentes cellules de l'îlot, mais il n'en est pas toujours ainsi et le début de l'individualisation cellulaire n'est marqué que par l'existence d'une zone claire périnucléaire.

Les grandes cellules à noyau polymorphe ont ici leurs caractères ordinaires. Elles mesurent en moyenne 17 μ, la forme du noyau est très variable. On peut en voir où des sphérules nucléaires sont détachées de la partie principale du noyau. Ces éléments sont reçus dans une logette cupuliforme creusée dans les travées de cellules hépatiques.

Dans le foie de 7 mois 1/2 (fœtus 1), les petites cellules hyalines s'espacent encore ; leurs amas ne se rejoignent plus par leurs angles. Les grandes cellules elles-mêmes se sont raréfiées ; mais étant moins masquées par les petits éléments, on les découvre aisément dans la coupe. Leur diamètre moyen est de 15 μ. Notons seulement la rareté des noyaux en couronne, par rapport au chat nouveau-né, la prédominance de la forme en boudin et l'existence de quelques formes karyokinétiques, qui paraissent, mais non sûrement, se rapporter à des grandes cellules. C'est le seul foie où j'en ai vu.

Ce foie est aussi remarquable par l'énorme grandeur de certaines cellules à noyau polymorphe. L'une d'elles mesurait 53 μ sur 10 et contenait un noyau en boudin de 19 μ sur 8,5. Cette énorme cellule était contenue dans un espace vide, où l'on voyait des globules sanguins ordinaires.

Les amas de petites cellules polyédriques ont la même constitution que dans les autres foies fœtaux. J'indiquerai seulement la présence de cellules à grains éosinophiles. Ceux-ci sont les uns libres à l'intérieur des vaisseaux, les autres mélangées aux cellules hyalines de l'amas. J'ai pu noter que dans plusieurs points les cavités vasculaires étaient dépourvues de paroi propre et limitées par un ou deux rangs de cellules hyalines. Il m'a paru exister audelà de ces rangées simples ou doubles un mince trait de séparation, comme si la paroi vasculaire s'était formée plus loin, enfermant dans le sinus l'îlot de cellules hyalines en voie de désagrégation.

Dans le foie du fœtus de 9 mois (n° 7) (1), je n'ai pu découvrir de cellules hématopoétiques. Les capillaires étaient partout fermés et contenaient une grande quantité de noyaux appartenant à des globules blancs.

(1) V. HANOT et C. LUZET. Étude sur le purpura à streptocoques, etc. *Arch. de méd. expér.*, n° 6, p. 772, 1890.

On voit d'après ce qui précède que, comme nous le disions dans notre étude historique, l'hématopoèse fœtale n'est pas une. D'un côté la présence constante des hématoblastes et des petits globules intermédiaires, dans le sang fœtal, prouve que les globules rouges qu'on y rencontre proviennent de ces éléments. De l'autre, aucun fait ne prouve la transformation de la cellule rouge en globule rouge.

La cellule rouge possède chez le fœtus une évolution toute particulière et qui nous paraît évidente. Tous les organes hématopoétiques (foie, rate, moelle, ganglions), produisent pendant une période donnée de leur évolution et par un mécanisme toujours le même des cellules rouges d'autant plus abondantes que le fœtus est plus jeune.

Ces éléments proviennent des grandes cellules à noyau polymorphe, ou hématoblastes de Foà et Salvioli, dont le noyau se segmente par bourgeonnement et non par karyokinèse. Chacun de ces noyaux néoformés s'isole de ses congénères. Il se forme d'abord des plaques protoplasmiques semées de noyaux ; puis, après individualisation de petites masses protoplasmiques autour de chacun des noyaux, des amas de petites cellules polyédriques.

Ceux-ci sont morcelés par le sang, qui les pénètre en s'y creusant une cavité d'abord non limitée par une paroi propre, dans le foie aussi bien que dans les autres organes.

Les cellules une fois dans les tissus sanguins, se chargent peu à peu d'hémoglobine.

Mais elles ne tardent pas à s'y multiplier par karyokinèse et peut-être aussi par division directe, tandis que leur multiplication dans les amas n'est pas prouvée. La multiplication ne porte probablement que sur les plus jeunes de ces éléments, sur ceux qui ont un noyau volumineux, peu coloré et à réticule chromatique lâche, que l'on rencontre en grand nombre dans toutes les préparations, où se trouvent aussi des karyokinèses. Celles-ci sont en plus grand nombre dans les vaisseaux des organes hématopoétiques que dans le sang général.

Enfin la cellule rouge termine son évolution en devenant inapte à la multiplication ; parce que son noyau diminue de volume, formant ainsi un élément à réseau chromatique plus dense et plus colorable. Mais le noyau ne disparaît jamais complètement et il est probable que la cellule est détruite d'une façon encore inconnue, sans avoir jamais passé par l'état de globule rouge.

Quant à l'influence de l'âge du fœtus sur la localisation des foyers de formation de cellules rouges, l'examen de nos préparations ne fait que confirmer ce que nous avons dit à l'historique.

CHAPITRE III

Des anémies infantiles en général

En présence de cette activité si remarquable des organes hémato-poétiques chez le fœtus et chez l'enfant nouveau-né, il était naturel de se demander comment ils se comporteraient dans les cas d'anémie infantile. Cette pensée avait guidé notre maître, M. le professeur Hayem (1), dans sa communication faite il y a deux ans à la Société médicale des hôpitaux.

C'est, à notre connaissance, M. Hayem qui, le premier, a montré avec quelle facilité l'anémie déterminait chez les enfants le passage des cellules rouges dans le sang. Les causes les plus fréquentes d'anémie à cet âge sont, dit-il, la syphilis et la diarrhée. Les lésions des globules rouges sont les mêmes que chez l'adulte, quoique les globules géants apparaissent assez rapidement, tandis que chez l'adulte on ne les voit que dans les anémies du 3e et du 4e degré. Mais ce qui est plus spécial à l'enfant, c'est l'apparition de globules rouges à noyau avec un chiffre d'hématies bien supérieur à ceux qui chez l'adulte sont nécessaires, pour reproduire l'activité de la moelle et le passage dans la circulation des cellules rouges qu'elle forme. Ce travail est accompagné de deux observations, que nous avions nous-même recueillies.

Nous avons voulu ici reprendre le travail de M. Hayem et rechercher comme lui dans quelles conditions l'enfant anémique est susceptible de faire passer dans son sang des cellules rouges. Nous y étions poussé d'autre part par la nécessité d'établir les limites de la forme d'anémie, qui fait le sujet de la seconde partie de ce travail et de rechercher quelles différences présentent les lésions du sang dans

(1) G. Hayem. Note sur l'anémie des nourrissons. *Soc. méd. des hôp.*, séance du 25 oct. 1889, et *Gaz. hebdom.*, n° 45, p. 726, 6 nov. 1889.

cette forme d'anémie d'une part et d'autre part, dans les anémies infantiles simples, ou accompagnées d'hypertrophie de la rate.

Nos études ont porté :

1° Sur des nourrissons atteints d'anémie à la suite de diarrhée, plus particulièrement du choléra infantile ;

2° Sur des nourrissons syphilitiques, simplement anémiques, sans hypertrophie splénique, ni ganglionnaire ;

3° Sur des nourrissons syphilitiques avec mégalosplénie et anémie ;

4° Sur des rachitiques non syphilitiques, avec anémie et mégalosplénie.

Nous ne nous dissimulons pas combien ces recherches sont incomplètes et quel intérêt il y aurait à les poursuivre plus avant, en recherchant les lésions du sang dans les formes si multiples des anémies de la première enfance. Cependant, telles qu'elles sont, elles nous ont paru présenter quelque intérêt et permettre d'établir un certain nombre de faits intéressants, au double point de vue anatomique et clinique.

A. — Anémies simples, sans mégalosplénie, consécutives au choléra infantile et a la syphilis héréditaire précoce. — Le choléra infantile et, d'une façon plus générale, toutes les diarrhées infectieuses qui atteignent le nourrisson s'accompagnent rapidement d'une hypoglobulie, qui parfois peut arriver au 3e et même au 4e degré d'anémie d'Hayem. C'est surtout dans les cas où la diarrhée survient chez un enfant antérieurement débilité par la tuberculose, la syphilis, ou simplement par des diarrhées antérieures répétées, que l'altération du sang est profonde.

Nous voyons dans ces cas le chiffre globulaire, après avoir subi une augmentation due à la concentration du sang (1), diminuer considérablement et atteindre les chiffres de 3,054,000 (obs. II), 1,280,000 (obs. II) et même 926,000 (obs. I). En même temps la valeur globulaire reste normale ou se modifie peu, oscillant entre 0,75 et 0,90, pour ne s'abaisser qu'à la suite de la crise hématoblastique, où nous l'avons vu atteindre 0,60. Mais, indépendamment de la crise hématoblastique, qui se produit au moment de la guérison, l'anémie aiguë, pendant son cours devient la cause d'une suractivité fonctionnelle

(1) Cuffer. Rech. s. l. altér. du sang., *Rev. Mens.*, 1878, p. 519.

des organes hématopoétiques, que nous avons vus contenir en abondance des cellules rouges, et cette suractivité se traduit immédiatement par le passage dans le sang d'une petite quantité de cellules rouges.

Cependant il faut, pour que ce passage s'effectue, un certain degré d'anémie, qui est d'autant moins accentué que l'enfant est plus jeune. Il est exeptionnel que l'anémie aiguë par diarrhée provoque le passage des cellules rouges dans la circulation chez les enfants, qui ont dépassé deux ans et ce n'est même que chez les tout jeunes nourrissons, que l'on constate aisément ce passage. Nous n'avons pas noté de cellules rouges dans les anémies moyennes par diarrhée ou par syphilis, chez les enfants au-dessus de 4 mois ; tandis qu'il en existait chez des enfants plus jeunes (obs. I, 2 m. ; II, 2 m. 1/2; VIII, 2 m. et XIV).

Voici quel était l'état du sang dans l'obs. I : N = 926,000, R = 685,000, G = 0,74, Rn = 7,440, B = 18,900 ; et dans l'obs. II : N = 1,280,000 ; R = 909,013 ; G = 0,71 ; Rn = 410 ; B = 13,485.

Dans l'obs. III, qui a trait à un enfant de un mois 1/2, nous n'avons pas trouvé de cellules rouges malgré le jeune âge. C'est qu'en effet l'état du sang, constaté à deux reprises différentes ne correspondait qu'à une anémie moyenne (2e degré) et non à une anémie grave (3e degré). Voici les chiffres que nous avons trouvés : 21 octobre 1889 : N = 3,054,500 ; R = 2,770,250 ; G = 0,92 ; B = 8,551 ; 30 octobre 1889 : N = 3,596,000 ; R = 2,125,000 ; G = 0,60 ; B = 7,750.

L'enfant syphilitique, qui fait l'objet de l'observation VI, était au moment où nous l'avons vu, en pleine période de manifestations syphilitiques graves. Il est sorti amélioré par le traitement. Voici les résultats de la numération de son sang : A l'entrée, 25 octobre 1889 : N = 4,637,600 ; R = 1,621,000 ; G = 0,35 ; B = 17,887 ; à la sortie, 2 novembre 1889 ; N = 4,194,300 ; R = 1,883,000 ; G = 0,44 ; B = 12,245.

Dans les préparations de sang rapidement desséché (25 et 29 octobre 1889), les globules rouges étaient de diamètre très inégaux et il existait un peu de poïkilocytose, qui est d'ailleurs en rapport avec la grande différence entre N et R et la faible valeur de G. Les hématoblastes étaient rares. Les globules blancs très nombreux étaient constitués surtout par de très petites cellules à noyau foncé et à mince protoplasma. Il n'existait pas de leucocytes de Semme ou à grains éosinophiles.

Dans les observations IX (5 mois) et X (6 mois), il n'existait pas de cellules rouges. D'ailleurs l'absence de poïkilocytes et le grand nombre d'hématoblastes indiquaient, en l'absence de la numération, une anémie peu profonde.

Les observations XI, XII, XIII, XIV et XV ont trait à des anémies moyennes avec arrêt de la formation hématoblastique, chez des enfants atteints de diarrhée simple, ou chez des syhilitiques; mais tous âgés de 6 à 12 mois. Il n'y avait pas de cellules rouges dans le sang.

Nous ne possédons qu'une seule observation de cancer dans la première enfance, c'est celle qui porte le n° VII et qui a trait à un enfant de 2 ans 1/2 atteint de cancer du rein. La recherche des cellules rouges est restée négative, malgré une anémie forte.

Pour le rapport des leucocytes, le sang des enfants anémiques se rapproche du sang fœtal, encore plus que sous le rapport de la présence dans la circulation des cellules rouges. Les caractères du sang sont les suivants : Grand nombre de petits globules blancs formés d'un petit noyau très coloré, situé dans un corps protoplasmique très mince ; prédominance des formes à noyau diffusé et à grand noyau pâle, rond ou palmé ; rareté des formes à noyau segmenté ; extrême rareté des globules blancs à graines éosinophiles. Le nombre total des globules blancs est d'autant plus grand que l'enfant est plus jeune.

Nous avons voulu rechercher quelle était, dans l'anémie infantile aiguë, sans mégalosplénie, l'état des organes hématopoétiques. Dans ce but nous avons choisi l'anémie aiguë par diarrhée, de préférence à l'anémie par tuberculose, cette dernière pouvant léser directement la moelle, le foie, et la rate. en y développant des néoplasies tuberculeuses. Nous avons constaté ce qui suit (obs. IV) :

Dans les préparations sèches du sang, puis après la mort dans les veines sus-hépatiques, il n'existe pas trace de cellules rouges. De même sur les coupes du foie, on ne constate nulle part ces grandes cellules à noyau bourgeonnant ou en boudin, ni les amas de petites cellules hyalines polyédriques, que nous considérons comme caractérisant le foie hématopoétique. Pour de plus amples détails, nous renvoyons à l'observation.

Dans la rate, tant sur les préparations par dissociation que sur les coupes, même absence de cellules rouges. Nous avons cependant constaté sur les coupes, quelques figures nucléaires ressemblant aux noyaux des grandes cellules ; mais, outre qu'ils sont beaucoup plus petits, ils ne nous ont jamais présenté la complication de formes, qui les fait toujours aisément reconnaître au milieu de tous les autres noyaux.

Par contre, la moelle des os présente un assez grand nombre des cellules rouges, la plupart possèdant un seul noyau rond, quelques-unes avec globule polaire sur le noyau. On trouve en outre quelques cellules à deux noyaux et de très rares éléments à noyau lobé. Pas de karyokinèses.

Dans aucune de ces préparations d'organes hématopoétiques nous n'avons trouvé de leucocytes de Semmer, ce qui explique leur rareté dans le sang.

Mêmes résultats pour les organes de l'obs. V. Ajoutons seulement que, bien qu'il existât de la moelle rouge dans son canal médullaire, le nombre des cellules rouges que l'on rencontre dans les préparations de la moelle des os est extrêmement restreint.

Pour nous résumer, chez les enfants du premier âge anémiques, tantôt il y a des cellules rouges en circulation dans le sang, tantôt il n'en existe pas.

Dans ce dernier cas, les organes hématopoétiques n'en renferment pas, ou du moins il n'en existe que des proportions très faibles.

La présence des cellules rouges est fonction de deux facteurs : le jeune âge de l'enfant et l'intensité de l'anémie. Plus l'enfant est jeune, moins il est nécessaire que l'anémie soit intense, pour que s'effectue le passage des cellules rouges dans le sang.

Dans le cas où il existe des cellules rouges dans le sang, elles sont toujours petites et surtout à petit noyau, c'est-à-dire vieilles, bien différentes de celles que l'on trouve dans les cas d'anémie pseudo-leucémique.

Dans tous les cas, avec une anémie simplement grave et non extrême, on ne peut trouver de cellules rouges dans le sang que si l'enfant est âgé de moins de 5 mois. Il semble donc que la facilité qu'a le fœtus à faire des cellules rouges s'amoindrisse et même disparaisse très rapidement chez l'eufant nouveau-né, dans les conditions normales.

B. — Anémies avec mégalosplénie, consécutives a la syphilis héréditaire et au rachitisme. — A côté de ces formes où l'anémie ne s'accompagne pas de modifications macroscopiquement appréciables de la structure des organes hématopoétiques, il en est d'autres où, de par la maladie causale, on rencontre des modifications macroscopiques de ces organes et principalement la mégalosplénie. Anémie et mégalosplénie semblent relever directement d'une seule et même cause.

Une autre raison nous a poussé à résumer ici ces recherches : comme il existe toujours dans l'anémie pseudo-leucémique les mêmes modifications des organes hématopoétiques, il était très important de rechercher ici quelle part revenait aux cellules rouges dans la constitution du sang et si les modifications structurales de la rate et de la moelle des os pouvaient indiquer une part active de ces organes à la rénovation hétérochronique du sang.

Nous n'entreprendrons point de passer en revue les modifications du sang dans toutes les mégalosplénies infantiles. Nous nous bornerons à les étudier dans deux conditions, qui se présentent souvent dans la pratique hospitalière, la syphilis héréditaire et le rachitisme.

a) *Syphilis héréditaire avec mégalosplénie.* — Sous ce rapport, nous avons étudié deux faits (Obs. XVI et XVII). Le premier a trait à une fillette de deux ans, le second concerne un enfant d'un mois.

Tandis que dans l'obs. XVII, la syphilis héréditaire grave et en pleine activité se manifeste par des lésions muqueuses et cutanées nombreuses (rhagades, fissures des lèvres, érythème des fesses, plaques muqueuses entre les orteils), la petite malade de l'observation XVI ne présentait plus, au moment où nous l'avons examinée, que des signes de syphilis antérieure, macules cutanées et déformation natiforme du crâne, de plus la syphilis paraissait avoir été constatée chez un frère plus jeune qu'elle et mort en bas âge, enfin la mère avait avorté à une autre grossesse. Si donc, dans le premier cas, il nous est permis de penser que l'anémie et la mégalosplénie relèvent toutes les deux directement de l'infection syphilitique, il ne peut en être de même dans le second cas, où la seule cachexie syphilitique persistait, quand nous avons pu voir l'enfant. Nous opposons ainsi la tumeur splénique syphilitique aiguë à la tumeur splénique syphilitique chronique.

Nous examinerons successivement pour les deux cas l'état du sang et celui des organes hématopoétiques.

Dans l'observation XVII, l'avant-veille de la mort, la numération a donné les résultats suivants :

N = 1235, 900, R = 1523 600, G = 1,25, B = 11, 780 ; soit simplement une anémie grave.

Mais l'examen du sang pur et du sang rapidement desséché en couche mince et colorée, nous montre des lésions hématiques considérables (1). On est tout d'abord frappé par la rareté des hématoblastes, ce qui, joint à la présence d'un grand nombre de globules géants, nous indique un ralentissement notable dans la formation et l'évolution du sang. L'augmentation de la valeur globulaire (G = 1,25) en est la manifestation numérique. Malgré la grande inégalité des diamètres des hématies, il n'existe pas de poïkilocytose.

On rencontre un petit nombre de cellules rouges, dont la plupart ne possèdent qu'un seul noyau de volume moyen. Un très petit nombre sont binucléées. Il n'y existe pas de karyokinèses. En sorte que, d'une part, la réaction des organes hématopoétiques paraît ici de peu d'importance et d'autre part, il ne semble pas exister une tendance bien considérable à la multiplication de ces éléments dans le sang. Ce double fait est fort important pour établir la nature et le diagnostic de l'anémie pseudo-leucémique. Nous essayerons de le démontrer plus loin.

Les globules blancs appartiennent pour la plupart aux formes jeunes de ces éléments. Les leucocytes de Semmer sont rares.

Ce défaut d'activité des organes hématopoétiques, que l'examen direct du sang nous permettait déjà de soupçonner, nous allons pouvoir le constater directement par l'examen de la pulpe des organes.

(1) Nous indiquerons simplement en passant un état granuleux tout particulier du plasma des préparations sèches. Nous n'avons jusqu'ici rencontré cet état que dans ce cas unique et M. Hayem, qui l'avait aussi remarqué, nous a dit ne l'avoir jamais vu auparavant. Comme il existe dans toutes les préparations et dans toute leur étendue, nous ne saurions y voir l'effet d'une altération accidentelle. Nous ne voulons tirer de ce fait aucune conclusion.

Le sang pris dans les veines sus-hépatiques ne renferme pas de cellules rouges et l'examen histologique du foie nous en fournit la raison. C'est un beau type de foie silex, correspondant histologiquement à la sclérose interstitielle diffuse, au syphilome infiltré de Wagner, ou cirrhose monocellulaire de Charcot (1). Quel que soit le soin que nous ayons mis à parcourir nos préparations, nous n'avons pu y retrouver les cellules hématopoétiques, que Rocco di Lucca (2) aurait constatées dans ces foies au dire d'Hudelo. Ce dernier n'a pas d'ailleurs cherché à élucider cette question.

La pulpe splénique contient très peu de cellules rouges : pas plus que le sang pris pendant la vie à la pulpe du doigt. L'examen des coupes de rate permet seulement de constater de très rares cellules à noyau polymorphe, ainsi qu'un peu d'augmentation du stroma fibreux normal de la rate.

Il n'en est pas de même de la moelle osseuse examinée sur des préparations par étalement et dessiccation. Les cellules rouges y sont manifestement plus nombreuses que dans le sang capillaire et notamment les formes à noyau double ou en trèfle. Nous n'avons pas constaté de figures de karyokinèse. La plupart des globules blancs appartiennent aux formes jeunes à grand noyau pâle. Il existe en outre quelques leucocytes de Semmer, ou à grains éosinophiles.

D'après ce qui précède, il est facile de voir que la moelle seule paraît avoir fourni le petit nombre de cellules rouges constatées dans le sang pendant la vie et que l'augmentation de volume du foie et même de la rate n'a compté pour rien dans la tentative hétérochronique de rénovation sanguine.

L'observation XVI, qui a trait à une fillette de 2 ans, hérédo-syphilitique, avec tumeur splénique chronique, est fort analogue à la précédente sous le rapport des modifications des organes hémato-poétiques. L'enfant mourut en quelques jours d'une broncho-pneumonie

(1) Voy. HUDELO. *Contrib, à l'ét. des lésions du foie dans la syphilis héréditaire*, p. 38 et suiv. Th. Paris, 1890.

(2) ROCCO DI LUCCA. *Journ. internat. des sc. méd. de Naples*, 1884. Nous n'avons pu lire le mémoire de cet auteur et nous ne le connaissons que par une analyse de CHAMBARD, in *Ann. de dermat.*, 1885 ; mais autant que nous avons pu en juger, ROCCO DI LUCA ne s'est pas borné à examiner des foies silex, il a étudié des foies de fœtus issus de syphilitiques, sans s'inquiéter de la forme de la lésion.

consécutive à la coqueluche et l'absence complète de tuberculose a étéconstatée à l'autopsie.

L'examen du sang, fait à deux reprises pendant la vie, nous avait permis de constater une anémie au 3e degré (anémie grave). Le 8 octobre 1889, on trouvait : N = 1596,500, R = 784,000, G = 0,48, B = 11,408 ; le 23 octobre : N = 1677,100, R = 936,000, G = 0,58, B = 17.236, Rn = 1364.

Sur les préparations sèches du sang coloré, on cote que les globules rouges sont en général petits et de diamètres assez variables. Il n'existe ni globules géants, ni poïkilocytes. Rien à noter au sujet des hématoblastes,.

Les cellules rouges sont rares et demandent une recherche assez attentive ; cependant on peut constater que leurs noyaux sont assez variés. Bien que la plupart d'entre elles ne contiennent qu'un seul noyau sphérique fortement coloré, on trouve un petit nombre de noyaux volumineux et pâles, quelques rares noyaux doubles et noyaux en trèfle et, chose plus importante, un extrêmement petit nombre de noyaux cinétiques, absolument semblables à ceux que nous décrirons plus loin dans l'anémie pseudo-leucémique.

On note toutes les formes de lencocytes : petits globules à noyau três coloré et mince bande de protoplasma, gros éléments à noyau pâle, diffusé ou différencié, ce dernier pouvant être rond ou lobé, et enfin leucocytes à noyau segmenté, dont le nombre est de beaucoup le plus considérable, signalons enfin la présence de rares leucocytes à grains éosinophiles et d'un certain nombre de leucocytes hyalins hypertrophiés.

En un mot, ce sang est caractérisé par une tentative modérée de rénovation au moyen des organes ohématpoétiques et par une leucocytose importante, avec augmentation du nombre des éléments à noyau segmenté, de ceux que Ouskow considère comme des formes vieilles.

L'examen post-mortem des organes hématopoétiques nous a permis de constater que la participation du foie à la rénovation par cellules rouges est douteuse, que la rate y a une part assez restreinte et que c'est surtout à la moelle des os qu'elle doit être rapportée.

Foie. — Le sang de la veine cave est fort altéré et on n'en distingue plus que les globules blancs et les cellules rouges. Celles-ci sont très rares et pas plus abondantes que dans le sang provenant de la pulpe du doigt. Je n'y ai pas vu de formes de division. Les préparations de la pulpe du doigt sont aussi fort pauvres en cellules rouges, mais les noyaux en trèfle sont assez nombreux. Les leucocytes appartiennent pour la plupart aux formes à noyau arrondi ou lobé, pâle et à protoplasma hyalin.

L'examen histologique des coupes du foie, nous montre qu'ici encore, il s'agit d'un foie atteint de sclérose interstitielle diffuse, mais moins avancée que dans le cas précédent. L'atrophie des cellules hépatiques, la dissociation des travées y sont moins considérables. Certaines formes nucléaires bizarres, allongées, en boudin, lobées, pourraient en imposer; mais il faut les rattacher soit à des leucocytes dont elles ont les dimensions, soit à des dégénérescences de cellules hépatiques, avec transformation hyaline du protaplasma et déformation des noyaux, comme Hudelo en a décrit. Nous inclinons vers cette dernière hypothèse, en raison de l'absence des amas de petites cellules.

Rate. — Accompagnant des cellules propres de la rate, et des cellules à grains éosinophiles, les cellules rouges, plus nombreuses que dans le foie, moins que dans la moelle osseuse, sont pour la plupart à noyau unique, quelques-unes à noyau en trèfle. Nous n'y avons pas trouvé de formes cinétiques.

A en juger par cette description, la part de la rate à la rénovation du sang aurait été peu active. Mais l'examen des coupes y dénote un grand nombre de grandes cellules à noyau polymorphe ou bourgeonnant. Dans un stroma à peu près normal, sont logés trois sortes d'éléments cellulaires : des cellules spléniques dont nous ne nous occuperons pas, des cellules à grains éosinophiles nombreuses et disséminées sans ordre et enfin des cellules hématopoétiques grandes et petites. Les premières mesurent 24 μ 26 à 20 μ. Leur structure n'a absolument rien de particulier, qui les différencie de ce que nous en avons dit à propos du fœtus humain. Les secondes mesurent de 8 à 11 μ avec un noyau de 5 à 8 μ. Elles ressemblent beaucoup aux cellules rouges observées en liberté dans le sang.

Moelle des os. — Elle n'a été examinée que sur des préparations faites par étalement de la pulpe. Elle contient un très grand nombre de cellules rouges avec des noyaux très variés. Nous y avons retrouvé toutes les variétés observées dans le sang pendant la vie, sauf la kinèse. Mais les formes à double noyau rond et à noyau trifolié sont fréquentes et indiquent une active participation de la moelle à la formation de ces cellules.

En résumé, la syphilis héréditaire détermine une cachexie avec anémie assez intense, que tendent à compenser les organes hématopoétiques, jusqu'à un âge déjà avancé. Il est probable que, si nous avons trouvé, dans nos obs. XVI et XVII, des cellules rouges dans le sang, c'est que l'anémie a été longtemps prolongée ; tandis que l'anémie relativement aiguë déterminée par la diarrhée chez les enfants au-dessus de 5 mois ne s'accompagne pas du passage de ces éléments dans le sang, parce que leur prolifération n'a pas eu le temps de s'effectuer dans les organes hématopoétiques.

b) *Rachitisme avec mégalosplénie.* — Le rachitisme à sa période de résorption osseuse, s'accompagne toujours d'un degré plus ou moins accusé d'anémie et on y observe souvent une tuméfaction de la rate. Nous n'avons pas l'intention d'insister sur ces faits bien connus ; nous voulons seulement montrer que, malgré l'anémie, la tuméfaction de la rate et souvent même du foie, malgré la présence de cellules rouges dans le sang, il faut se garder de confondre ces cas de rachitisme avec l'anémie infantile pseudo-leucémique. Nous allons exposer brièvement les recherches que nous avons faites à ce point de vue purement diagnostique.

Nous en rapportons trois observations, deux personnelles (XVIII et XIX) et une empruntée à v. Jaksch (1) (XX).

Dans tous ces cas, il existait une anémie quelquefois très accentuée puisque v. Jaksch a vu progressivement le nombre des globules rouges baisser en trois mois de 1,600,000 à 750,000. En même temps le chiffre des globules blancs diminuait de 36,000 à 12.580 et le taux de l'hémoglobine, estimée avee le chronomètre de Fleischl descendait de 3 gr. 5 pour 100 à 1 gr. 4. Malheureusement v. Jaksch ne donne aucune indication relativement aux cellules rouges.

Des deux cas que nous avons pu suivre, l'un est encore en obser-

(1) v. Jaksch. Ueb. die Diagnose und Therapie der Erkrankungen der Blutes. *Prager med. Woch.*, 1890.

vation (XIX), il a trait à une fillette de 20 mois, exempte d'hérédo-syphilis, anémique avec hypertrophie de la rate et du foie, chez laquelle, parallèlement à l'aggravation des lésions osseuses, l'état du sang a été en déclinant.

La numération nous a donné successivement, le 12 mai 1890: N = 2,783,800, R = 2,110,000, G = 0,78, Rn = 2,500, B = 14,229; le 26 mai : N = 2,077,000, R = 1,994,000, G = 0,99, H = 229,400, Rn = 4,030, B = 16,151 ; le 31 mai : N = 2,216,500, R = 1,596,000, G = 0,72, H = 149,750, Rn = 2,511, B = 13,268; le 16 juin 1890. N = 3,295,300, H = 117,800, B = 1,8075.

En même temps, l'étude des préparations du sang desséché en couche mince, nous montre une inégalité de diamètres des globules rouges, qui arrivent difficilement à l'état parfait. Les cellules rouges rares et toutes uninucléées (12 mai), conservent les mêmes caractères pendant toute la durée de l'évolution morbide, même avec le minimum de nombre des globules et de la richesse en hémoglobine.

Les globules blancs ont subi par contre une modification notable. Au début, ils appartenaient tous aux formes jeunes (petits globules à noyau très coloré, avec mince couche de protoplasma ; globules hyalins avec noyau peu coloré) et les globules à noyau segmenté étaient rares. Mais le 16 juin et le 17 juillet, en même temps que les forces augmentaient et que l'anémie diminuait, les leucocytes à noyau segmenté augmentaient de nombre. Il apparaît alors quelques leucocytes de Semmer.

Le second cas (obs. XVIII) concerne un enfant de 22 mois, que nous avons pu suivre pendant cinq mois, pendant lesquels il a toujours été s'améliorant, jusqu'au moment où il fut pris de rougeole et où nous le perdîmes de vue. Chez cet enfant on ne peut exclure tout soupçon d'hérédo-syphilis.

La numération donna, le 8 octobre 1889 : N = 2,982,000, R = 1,450,000, G = 0,50, B = 7,905 ; le 23 octobre 1889 : N = 3,741,000, R = 1,659,000, G = 0,45, Rn = 1,240, B = 9,920. Le 26 février 1890, l'enfant revint avec la coqueluche et à cette époque nous trouvâmes : N = 4,110,600, R = 2,550,000, G = 0,62, B = 17,360, et le 5 avril, pendant l'évolution de la rougeole : N = 3,658,000, R = 2,435,000, G = 0,66, B = 15,300.

Les préparations de sang sec nous donnent ce qui suit : les globules rouges restent pendant tout ce temps très inégaux en diamètre et mélangés de quelques poïkilocytes. Les hématoblastes sont assez nombreux, sauf au moment de l'entrée de l'enfant pour coqueluche, le 26 février 1890. En octobre 1889, les cellules rouges étaient très rares et toutes uninucléées ; le 22 février 1890, on n'en trouve plus qu'avec beaucoup de difficulté et le 29 mars, plus du tout. Les globules blancs, d'abord peu nombreux, et pour la plupart de formes jeunes, sont mélangés d'un certain nombre de leucocytes à noyau segmenté et de leucocytes de Semmer. Ces caractères se maintiennent jusqu'au dernier jour. Cependant, au moment de la rougeole, nous devons signaler la disparition des petits leucocytes à noyau foncé et à mince couche protoplasmique.

Nous manquons malheureusement de toute notion sur l'état des organes hématopoétiques dans le rachitisme.

Nous tenions cependant à rapporter ces cas pour montrer que, malgré uue anémie assez marquée et l'hypertrophie de la rate, le rachitisme s'accompagne d'une prolifération assez médiocre des cellules rouges. C'est là un point sur lequel nous reviendrons, quand nous traiterons du diagnostic de l'anémie infantile pseudo-leucémique et des autres anémies avec mégalosplénie de la première enfance.

En résumé, l'anémie grave, qui survient chez les nourrissons au-dessous de 5 mois, amène facilement le passage dans le sang d'un nombre modéré de cellules rouges, surtout de formes vieilles et ne montrant pour ainsi dire pas de tendance à la multiplication dans ce liquide, à l'inverse de ce qu'on voit chez les jeunes fœtus.

Quand l'enfant est plus vieux, il faut une anémie intense et surtout de longue durée pour provoquer ce passage, qui paraît se faire plus facilement dans les cas où il existe des lésions macroscopiques hypertrophiantes des organes hématopoétiques et en particulier de la rate.

Dans ces derniers cas on peut rencontrer en très petit nombre des cellules rouges, qui ont des indices de division active dans le sang ; mais jamais en aussi grand nombre que dans l'anémie infantile pseudo-leucémique.

Que l'anémie soit simple ou mégalosplénique, c'est la moelle des os qui paraît fournir le plus grand nombre des cellules rouges que l'on trouve dans le sang.

Ces formes d'anémie peuvent s'accompagner d'une leucocytose modérée, qui tend à diminuer en même temps que la cachexie et ne s'accompagne pas de modifications notables dans la fréquence normale des diverses formes de leucocytes.

DEUXIÈME PARTIE

DE L'ANÉMIE INFANTILE PSEUDO-LEUCÉMIQUE.

Définition.

Nous entendons, sous le nom d'anémie infantile pseudo-leucémique, une maladie à évolution subaiguë plutôt que chronique, spéciale aux nourrissons, laquelle se développe insidieusement, sans cause actuellement connue et se caractérise cliniquement à sa période d'état par une anémie grave, avec augmentation de volume de la rate et du foie, par la présence dans le sang d'un grand nombre de cellules rouges, dont beaucoup présentent des phénomènes de karyokinèse et par une augmentation modérée du nombre des globules blancs.

Elle diffère par son étiologie et les lésions du sang des diverses anémies étudiées plus haut ; la lésion du sang seule la différencie des espèces connues de leucocythémie et l'absence de tuméfactions ganglionnaires la sépare nettement de l'adénie.

Nous ne pouvons cependant affirmer qu'il n'existe aucun rapport de nature entre elle et la leucocythémie et nous croyons avoir retrouvé dans la science des cas servant de formes de passage entre ces deux maladies. C'est un point sur lequel nous reviendrons en étudiant la nature de l'anémie enfantile pseudo-leucémique.

Nous n'avons cependant pas voulu employer le terme de leucocythémie, modifié par une épithète, pour désigner l'état morbide que nous étudions ici, parce que chez le nourrisson, à côté de cette forme clinique, on peut rencontrer des faits où la lésion hématique ne peut en aucune façon être différenciée de celle de la leucocythémie. Nous ne nous cachons pas que l'épithète « pseudo-leucémique » pourrait faire croire à une similitude quelconque avec l'adénie, désignée surtout à l'étranger par l'expression défectueuse de pseudo-leucémie. Nous croyons cependant pouvoir la conserver parce qu'elle a déjà été employée par von Jaksch, pour désigner l'affection qui nous occupe et parce qu'elle indique à la fois une analogie et une différence avec la leucémie.

Quant au mot anémie, il caractérise très bien la particularité clinique la plus importante, celle qui domine au plus haut point le syndrome. Elle a de plus l'avantage de ne préjuger en rien de la nature encore sujette à controverses de la maladie.

Nous allons exposer, dans cette partie de notre travail, l'histoire de l'anémie infantile pseudo-leucénique, son étiologie, son anatomie pathologique, ses symptômes, son pronostic et sa nature. L'étude de son diagnostic nous semble devoir être rejeté plus loin, dans un chapitre où nous étudierons, surtout au point de vue hématologique, le diagnostic des différentes formes d'anémie de la première enfance.

Chapitre premier

Historique.

L'étude du syndrome clinique qui nous occupe ici est de date récente. Les auteurs classiques ne s'étant pas occupés de séparer cette forme du tableau clinique de la leucocythémie.

Depuis la découverte de la leucémie par Bennet et Virchow en 1847 et la vulgarisation de la connaissance de cette maladie, on peut relever dans la littérature médicale un grand nombre d'observations, publiées pour la plupart sous le titre de leucémie ou de leucocythémie infantiles, parmi lesquelles on trouve un certain nombre avec les caractères de l'anémie infantile pseudo-leucémique. Malheureusement ces observations sont aujourd'hui inutilisables, parce que l'étude des lésions hématiques manque de la précision actuellement exigée pour le diagnostic des maladies du sang et qui est en rapport avec les progrès de la technique.

Nous voulons cependant rapporter brièvement les travaux qui dans la littérature médicale, se rapportent à la leucémie du nourrisson et de l'enfant du premier âge, parce que de la comparaison de ces faits multiples, nous tirerons des renseignements utiles, touchant la nature de l'anémie pseudo-leucémique et les rapports qu'elle paraît avoir avec la leucocythémie véritable.

Le premier travail, relatif à la leucocytose avec tuméfaction chronique de la rate chez l'enfant, nous paraît être celui de Friedreich (1856) (1). D'après lui toute tuméfaction chronique de la rate s'accompagne chez l'enfant d'une augmentation du nombre des globules blancs. Mais cette multiplication des leucocytes serait modérée, puisque une seule fois il a pu constater le rapport de un blanc sur 90 rouges.

Le travail de Löschner (1859) (2) ne contient que quatre cas concernant des enfants de 3 à 12 ans, mais pas un seul nourrisson. Il en est de même du cas de Biermer 1861 (3), qui concerne une petite fille de 4 ans 1/2 anémique avec mégalosplénie, sans tuméfactions ganglionnaires et où on trouva dans le sang des altérations typiques de la leucocythémie.

C'est en 1861 que nous trouvons le premier travail sur la leucémie des nourrissons. Golitzinsky (4) arrive à ce sujet à des conclusions intéressantes et que nous devons rapporter ici.

« 1° Tandis que la leucémie lymphogène appartient surtout aux deux premiers mois de la vie du nourrisson, la forme splénique s'observe plus souvent chez les enfants âgés d'au moins un an.

« 2° Les deux formes sont également graves ; enrayées pour un temps par les ferrugineux, la quinine, les acides, etc., ces moyens ne peuvent en amener la guérison.

« 3° Très souvent, pas toujours, dans la leucémie des nourrissons la mort survient par pneumonie. On ignore si celle-ci est due aux thrombo-

(1) Friedreich. Ueb chronische Milztumoren b. Kindern. *Deutsche Klinik.*, n°s 20 et 22, 1856.

(2) Loeschner. Leukämie des Kinder. *Jahrb f. Kinderkrankhtn u. phys. Erziehung*, 1859, H. 1, 3e année, anal. in *Canstatt's Jahresb.*, 1859, H. 4, p. 390.

(3) Biermer. Ein Fall von Leukämie. *Virch. Arch.*, XX, 5 et 6, 1861, an. in *Canstatt*, 1861, H. 1, p. 211.

(4) Golitzinsky. Ein Paar Worte ü. d. Leukämie der Säuglinge. *Jahrb. f. Kinderh.*, 4e année, H. 2, 1861 ; an. in *Canstatt*, 1861, H. 4, p. 381.

ses vasculaires, qui, d'après Virchow, seraient fréquentes dans la leucémie.

« 4° Comparée à celle de l'adulte, la leucémie des nourrissons en diffère par sa marche plus rapide, car elle amène la mort en 2 à 4 semaines et peut s'accompagner de manifestations fébriles.

« 5° Dans aucun des cas, le nombre des globules blancs n'a atteint celui qu'on observe chez l'adulte. Jamais le rapport de 1/15 n'a été dépassé. Il est vraisemblable que l'organisme, saisi dans les premiers stades de son développement, est incapable de supporter une grande augmentation numérique des globules blancs.

« 6° Quoique nous concevions bien l'enchaînement des manifestations morbides, la cause première de l'hyperplasie ganglionnaire reste inconnue. Toutefois, au moins chez le nourisson, l'hyperplasie des glandes du mésentère et quelquefois des plaques de Peyer et des follicules isolés semble être en rapport indiscutable avec des affections intestinales, qui se sont manifestées par des diarrhées diverses et des états inflammatoires du tube digestif. »

On le voit, Golitzinsky insiste sur le peu d'augmentation du nombre des globules blancs, sur la fréquence de la mort par pneumonie et enfin sur l'origine intestinale possible de la maladie. Or ce sont trois particularités que nous avons relevées dans notre description de l'anémie infantile pseudo-leucémique. Peut-être existerait-il parmi ses observations des cas de cette dernière maladie ; il est impossibie d'élucider cette question, car sa publication a été faite huit ans avant les recherches de Neumann, à une époque où il n'était pas encore question de leucémie myélogène, ni de globules rouges à noyau.

En 1862, Trousseau (1) observait un enfant de 15 mois, atteint de leucocythémie et dont il rapporte l'histoire dans ses Cliniques.

Au reste, deux ans après, en 1864, Fr. Mosler (2) montrait que la leucocythémie vraie, avec énorme multiplication des leucocytes peut se rencontrer chez le nourrisson et il publiait un tel cas chez un enfant de 16 mois, rachitique, où il existait de la mégalosplénie, une tuméfaction du foie sans adénopathies et où le rapport des globules blancs aux rouges était de 1/6. Mosler attribue aussi une influence provocatrice aux catarrhes intestinaux qui ne sont pas rares dans le rachitisme.

(1) TROUSSEAU. *Clin. méd. de l'Hôtel-Dieu*, t. III, p. 602, 6e édit. Paris, 1882.

(2) FR. MOSLER. Klinische Studien üb. Leukämie. *Berl. klin. Woch.*, 1860, nos 2, 3, 12, 13 et 15. Anal. in *Canstatt's Jahresb.*, 1864, H. 4, p. 147.

Immédiatement avant la découverte des cellules rouges et de leur rôle en hématologie, faite en 1869 par Neumann, voici comment Hénoch (1) décrivait depuis 1859 la leucémie chez les enfants.

« La leucémie, dit-il, peut être primitive ou secondaire, la première est consécutive au rachitisme et aux troubles morbides de la sanguification, la seconde se rencontre dans la tuberculose osseuse et les affections chroniques de la muqueuse intestinale. » On voit qu'il ne distinguait pas encore la leucémie vraie des leucocytoses consécutives aux maladies chroniques cachectisantes.

En 1869, Ch. Robin (2) rapporte le cas d'un enfant qu'il a observé avec Blache et Isambert, où les leucocytes étaient aux globules rouges comme 2 : 1.

Nous n'avons pas à étudier ici les cas de leucocythémie dans la seconde enfance dus à Taylor (3) (1873), Schepelern (4) (1874), Wickham-Legg (5).

Il nous faut arriver de suite au cas de Forlsund (6) (1875), qui, chez un enfant de 2 ans 1/2, fils de syphilitiques, trouva avec tuméfaction du foie et de la rate, 1 globule blanc pour 20 rouges, dans le sang. L'huile de foie de morue amena la diminution de volume des organes et le rapport des blancs aux rouges tomba à 1 sur 400. A la leucémie vraie se rapporte le cas de Picot (7), publié dans la thèse de Demange (1874).

En 1876, Schmuziger (8) relate un fait de leucémie et insiste sur l'importance des douleurs osseuses, comme signe de la forme myélogène de cette affection. Il n'existait d'ailleurs dans son cas (11 ans) qu'une leucocytose modérée (1/60).

(1) Henoch. *Pädiatrie*. Berlin, 1868.

(2) Ch. Robin. Art. Leucocyte du *Dict. encycl. de méd.* S. 2, t. II, p. 228. Paris, 1869

(3) Taylor. Leucocythæmia with hypertrophy ot the spleen and lymphatic glands... etc. *Trans. of the path. Soc.*, XXV, p. 246, 1873.

(4) Schepelern. Et Tilfälde af Pseudoleukämi med intussusception frenkaldt af en lymford Soulst ved Valvula Bauhini. *Hospital Tidende*, R. 2 1st Aargang, p. 33, 1874.

(5) Wickam-Legg. *Leucæmia hæmorrhagica*, 1876.

(6) J. Forlsund. Fall af Levkmi. *Hygieä*, p. 23, 1875.

(7) Picot. Thèse de Demange, Paris, 1874.

(8) Schmuziger. *Beiträge z. Kenntniss der Leukämie. Arch. de Heilk.*, XVII, H. 4, p. 273, 1876.

Nous relevons en 1880 un travail intéressant de D. Drummond (1), qui relate quatre cas pouvant (?) se rapporter à l'anémie infantile pseudo-leucémique. L'insuffisance des détails nous empêche malheureusement de les utiliser. Nous les rapporterons ici brièvement, pour montrer quelle ressemblance il existe entre eux et les nôtres.

Obs. 1. — Garçon de 14 mois, pâle depuis 4 mois, sont état s'est aggravé il y a 3 mois à la suite de la rougeole. Absence de syphilis et de rachitisme. Retard de la dentition. Tuméfaction splénique énorme depuis 1 mois. Augmentation considérable du nombre des globules blancs. Pas d'altération de la forme des globules rouges. Après traitement par le chlorure de calcium survient une amélioration des symptômes généraux, avec diminution de la tumeur splénique. Le nombre des globules rouges est de 3,700,000.

Obs. 2. — Garçon de 17 mois, pâle depuis longtemps. Pas de syphilis, ni de rachitisme. Troubles gastro-intestinaux fréquents. Depuis 5 mois tuméfaction du côté gauche. Les globules blancs et les rouges présentent des irrégularités de formes.

Obs. 3. — Garçon de 11 mois, ni rachitisme, ni syphilis. Mégalosplénie et considérable augmentation des globules blancs. L'auteur n'entre pas dans plus de détails.

Obs. 4. — Garçon de 16 mois, pas de rachitisme, mais on ne peut éliminer complètement la syphilis. Pâleur extrême, ayant débuté depuis 5 mois. Rate énorme. Sang très pâle, globules blancs ayant augmenté de taille et de nombre. Pas d'altération de la forme des globules rouges, 2,050,000 par millim.c. Pas d'hémorrhagies rétiniennes. Deux mois après la pâleur est encore plus accentuée, s'il est possible, pétéchies, même volume de la rate. Le sang présente de la poïkilocytose. Un mois plus tard mort par hémorrhagie intestinale profuse. A l'autopsie : la rate présente une augmentation simple de son volume, le foie est de même simplement tuméfié. Ganglions lymphatiques sains. Moelle des os pas examinée. Pas de dégénérescence amyloïde. La rate contient beaucoup de grandes cellules de forme irrégulière contenant plusieurs noyaux.

Citons maintenant un cas de Wadham (2) (1884), qui rapporte un fait de leucémie vraie avec un blanc sur 3 rouges, chez un enfant de

(1) D. Drummond. On splenic diseases in infants. *Med. Times and Gaz.*, 7 août 1880.

(2) Wadham. Case of leucocyth. in a child aged 5 years 1/2. Necropsy. *Lancet*, 26 janvier 1884.

5 ans 1/2, et un travail de Keating (1) (1885) sur la leucémie de l'enfance, où est relaté un cas de leucémie vraie à 8 mois.

Nous trouvons encore en 1887 un cas de Jones (2), qui a trait à un enfant de 11 mois et un cas de Hochsinger et Schiff (3), où la leucémie vraie s'accompagna de néoplasies lymphatiques, chez un enfant de 8 mois.

Plus récemment l'histoire de la leucocythémie s'est enrichie de la description d'une forme rare, où l'affection présente une marche aiguë et qui peut affecter l'enfant. Cette description est due à Ebstein (4), qui en rapporte 17 observations.

Anémie pseudo-leucémique. — On voit, d'après ce rapide exposé, que les auteurs ne s'étaient point occupés de créer des catégories dans la leucémie du nourrisson. Que s'ils avaient indiqué l'existence de leucémies mégalo-spléniques, avec augmentation modérée des globules blancs, ils n'avaient pas cherché à les dégager.

Au mois de mars 1889, notre maître, M. le professeur Hayem recevait de M. le Dr Cadet de Gassicourt un enfant anémique, à l'effet d'examiner son sang et d'instituer une thérapeutique appropriée. Nous pûmes constater la présence dans le sang de cet enfant d'un nombre considérable de cellules rouges, dont beaucoup affectaient des formes karyokinétiques très variées. L'histoire de cet enfant a paru la même année, sous le titre de leucocythémie, dans l'ouvrage de M. Hayem (5).

Vers la même époque, M. le professeur von Jaksch (6) publiait un travail sur la leucémie et la leucocytose dans l'enfance, où se trouve relatée en détails l'histoire d'un enfant de 14 mois, atteint d'un degré avancé de leucocytose avec mégalosplénie. Cet auteur s'attacha à mettre en relief les différences qui existent entre ce cas et la leucocy-

(1) J. M. Keating. Lymphatic leucæmia in childhood. *The. Amer. News.*, 28 novembre, et *The Philad. med. and Surg. Journ.*, 28 novembre 1885.

(2) Jones. Leucocytæmia in a child. 11 months old. *Brit. med. Journ.*, 9 juillet 1887.

(3) Hochsinger et Schiff. Ueb. Leukämie Cutis. *Vierteljahrsschr. f. Dermat. u. Syph.*, 1887, n° 3.

(4) W. Ebstein. Ueb. d. akute Leukämie u. Pseudoleuk. *D. Arch. f. kl. Med.* 1889, XLIV, H. 1, p. 343.

(5) Hayem. *Du sang*, p. 864. Paris, 1889.

(6) v. Jaksh. Ueb. Leukämie und Leukocytose im Kindesalter. *Wiener klin. Wochenschrift*, nos 22 et 23, 1889.

thémie vraie et lui donna le nom de « anæmia infantum pseudo-leucæmica ». Fort obligeamment cet auteur voulut bien aussi nous communiquer les épreuves d'un travail actuellement paru (1), où il reprend sur de nouveaux cas l'étude de ce syndrome clinique. Nous aurons l'occasion d'en faire plus loin la critique. Dans ce dernier travail, v. Jaksch insiste longuement sur les caractères du sang dans les différentes sortes d'anémies, en particulier chez l'enfant ; mais il ne parle pas de la présence des cellules rouges dans le sang de l'enfant anémique et la communication, faite en 1889 à la Société médicale des hôpitaux par M. Hayem, nous paraît être le premier travail où ce fait ait été indiqué.

CHAPITRE II

Etiologie.

FRÉQUENCE. — L'anémie infantile pseudo-leucémique est une maladie rare. Nous en rapportons six observations. Les deux premiers cas (obs. XXI et XXII) ont été observés par nous. L'un d'eux a été rapporté presque en entier dans l'ouvrage de M. Hayem (*Du sang*, p. 864), nous l'avons repris au point de vue de l'anatomie pathologique du sang ; l'autre a trait à un enfant chez lequel nous avons pu suivre complètement l'évolution morbide à la crèche de l'hôpital Saint-Antoine, dans le service de M. Hayem. Des trois autres (obs. XXIII, XXIV et XXV), les deux premiers sont tirés du mémoire que v. Jaksch a publié en 1890 ; ils sont malheureusement donnés en résumé dans ce mémoire où l'auteur les présente comme des exemples d'anémie infantile pseudo-leucémique. Le troisième provient de son mémoire de 1889, où il est donné in extenso. Nous y avons ajouté une note relevée dans la thèse de Koblanck (2), note extrêmement incomplète ; mais qui, à en juger par les chiffres donnés par l'auteur, paraît se rapporter à l'anémie pseudo-leucémique.

(1) V. JAKSCH. Ueb. die Diagnose und Therapie der Erkranhungen des Blutes. *Prager med. Woch.*, 1890.

(2) KOBLANCK. Zur Kenntniss der Verhaltens der Blutkörperchen bei Anämie, etc. I-D, p. 27. Berlin 1889.

Causes. — Avec le petit nombre d'observations que nous avons pu réunir, il nous est impossible de donner à ce chapitre l'étendue qu'il mériterait. Cependant, si le nombre des faits positifs que nous pouvons apporter est fort restreint, nous devons indiquer ici l'absence de certaines conditions étiologiques, ce qui plus tard nous sera utile quand il s'agira du diagnostic.

Parmi les conditions étiologiques prédisposantes banales, la question d'âge tient pourtant une place importante. L'anémie infantile pseudo-leucémique est une maladie de la première enfance et plus spécialement du nourrisson. C'est qu'en effet, à aucun autre âge de la vie, les conditions organiques ne seront telles, qu'il soit possible d'attendre d'une anémie, en somme peu intense, la réviviscence de l'activité hématopoétique du foie. A cette période de la vie, les conditions dans lesquelles se trouvent les organes de l'hématopoèse se rapprochent encore beaucoup de celles où ils étaient chez le fœtus. Le foie qui, le premier, a manifesté un rôle sanguificateur est aussi le premier à le perdre ; or nous croyons avoir prouvé, que cet organe reprend en partie sont rôle fœtal, dans le syndrome morbide qui nous occupe. Il est donc bien évident que plus on s'éloignera de la naissance, plus cette réviviscence d'une fonction exclusivement fœtale aura des difficultés à se produire.

Nous ne savons absolument rien de l'influence du sexe, de l'hérédité, du climat, de l'habitation, du tempérament et de la constitution de l'enfant, sur l'éclosion de l'anémie pseudo-leucémique.

Le mode d'alimentation ne paraît avoir qu'une influence pathogénique indirecte, comme cause provocatrice d'une gastro-entérite. Nous avons vu, en effet, que, dans notre obs. XXII, des troubles gastro intestinaux ont précédé l'éclosion de la maladie. Nous relevons cette cause parce qu'elle paraît jouer un certain rôle dans l'étiologie de la leucocythémie, ou plutôt de la mégalosplénie comme semblent le montrer les cas d'Henoch et de v. Jaksch, relatés par Birch-Hirschfeld (1).

Si nous passons en revue les causes de la tuméfaction chronique de la rate, nous devons indiquer tout d'abord que le résultat de la tuméfaction splénique provoquée par le rachitisme n'est pas cette

(1) Birch-Hischfeld. Art : Chronischer Milztumor, in *Gerhardt's Hndbch. d. Kinderkrnkhtn*, Bd IV, Abth 2, p. 876. Tübingen, 1880.

anémie spéciale que nous étudions ici ; mais que les lésions hématiques sont bien différentes, comme on peut le voir en comparant la description que nous en avons faite plus haut et celle que nous donnons dans les pages suivantes de l'anémie pseudo-leucémique.

Nous ne pouvons rien affirmer au sujet de la malaria, dont nous n'avons pu étudier aucun cas chez les nourrissons à Paris. Notons seulement qu'elle ne se trouve relevée dans les anamnestiques d'aucun de nos malades et qu'en particulier l'enfant, qui fait l'objet de notre obs. XXII, était complètement indemne de malaria, car nous avons fait à ce point de vue une enquête minutieuse.

On le voit, l'étiologie de l'anémie infantile pseudo-leucémique peut se résumer en peu de mots : d'une part le jeune âge, condition sine quâ non, dans quelques cas des troubles gastro-intestinaux et le plus souvent aucune particularité à laquelle on puisse rapporter le développement de la maladie ; d'autre part absence de syphilis, absence de rachitisme, qui, dans les cas où ils provoquent de la mégalosplénie, ne déterminent pas les lésions hématiques caractérisant la forme d'anémie qui nous occupe.

Chapitre III

Anatomie pathologique.

Faute de matériaux utilisables, il nous est impossible à l'heure actuelle de donner des lésions de l'anémie infantile pseudo-leucémique une description d'ensemble complète. De nos six observations, trois (XXI, XXIII et XXVI) manquent d'autopsie, des trois autres deux sont empruntées à v. Jaksh qui, n'ayant pas dirigé ses recherches dans le même sens que nous, s'est inquiété davantage des leucocytes que des cellules rouges. Ce sera donc à l'observation XXII que nous emprunterons la plupart de nos renseignements.

Nous allons essayer d'exposer dans un ordre méthodique :

1° Les lésions des organes hématopoétiques (foie, rate, moelle des os, ganglions lymphatiques), que nous regardons comme les principales.

2° les lésions des autres organes, en faisant le départ de ce qui est le résultat direct de l'anémie pseudo-leucémique et de ce qui provient d'une lésion puremeut accidentelle, par exemple des complications, qui ont paru entraîner la mort.

3° Nous étudions dans la symptomatologie les lésions du sang, parce qu'elles sont toujours examinées avec plus de fruit pendant la vie et qu'elles constituent la base la plus solide du diagnostic de l'affection.

1° LÉSIONS DES ORGANES HÉMATOPOÉTIQUES. — a) *Foie.* — Étude macroscopique — Dans trois de nos observations, l'augmentation de volume de cet organe a été constatée, soit cliniquement, soit directement à l'autopsie. Dans les seules obs. XXIII et XXIV il est noté que le foie n'était pas voluminenx. Il s'agit ici d'une augmentation de volume modérée et se traduisant par des poids de 400 (obs. XXII) et de 500 gr. (obs. XXV).

En même temps, la forme du viscère n'est pas altérée, ses dimensions sont toutes régulièrement augmentées (voy. obs. XXV.). Sa surface reste lisse, de minimes injections vasculaires peuvent se voir par transparence sous la séreuse, qui elle-même est indemne de toute altération inflammatoire aiguë ou chronique.

La coloration est jaune grisâtre et la teinte jaune s'accentue quand on comprime le tissu du foie pour en chasser le sang. On peut d'ailleurs la constater sur le cadavre dans les points de la glande hépatique, qui supportent des pressions de la part des organes voisins, entre autres de l'hypochondre.

Sa consistance est normale, ce qui doit le faire distinguer du foie silex, que nous avons noté dans nos observations d'anémie syphilitique avec mégalosplénie.

A la coupe, on retrouve la même couleur jaune gris, et, si on examine attentivement la surface de section, on constate à l'œil nu ou à la loupe que certaines zones sont le siège d'une congestion modérée, qui s'étend en étoile entre les lobules du foie. Cette lésion est d'ailleurs probablement contingente et due à des troubles circulatoires agoniques.

Nous avons cependant tenu à la signaler, car nous verrons plus bas que les capillaires sont ici le siège d'une congestion assez remarquable.

Ajoutons que, dans l'obs. XXV, on a constaté dans les gros vaisseaux hépatiques la présence de sang gelée de groseilles. Dans aucun des points du foie nous n'avons constaté la présence d'infarctus blancs, ni de formations lymphatiques hétéroplastiques.

Étude histologique. — Dans deux seulement des cas de v. Jaksch l'examen histologique a été fait. L'un d'eux, beaucoup trop succinct (obs. XXIII) ne peut nous fournir de renseignements, l'autre (obs. XXV) plus détaillé ne fait cependant aucune mention de la présence ou de l'absence des éléments hématopoétiques. C'est donc de notre observation XXII que nous tirerons quelques détails sur l'état histologique du foie, dans l'anémie pseudo-leucémique non compliquée.

Dans ce foie, si peu lésé à l'œil nu, on trouve au microscope des altérations fort remarquables.

Tout d'abord, à un faible grossissement, ce foie ressemble assez bien à celui du fœtus : comme chez celui-ci, la lobulation normale lui fait défaut ou est peu marquée et il existe dans la coupe un grand nombre de noyaux arrondis et fortement colorés, qui constituent entre les travées de cellules hépatiques des traînées de formes très irrégulière, divisant le lobule en un très grand nombre de petits groupes de cellules hépatiques, séparés les uns des autres par ces amas de petites cellules à noyaux arrondis.

Mais il faut recourir aux objectifs forts, employés avec des préparations teintes avec les couleurs d'aniline et plus spécialement par le bleu de méthylène, pour se faire une idée exacte de l'état de ce foie.

Nous n'insisterons pas sur l'état des espaces portes et des canaux qu'ils contiennent, car ils ne se distinguent en rien des espaces portes normaux. Notons cependant l'absence de scléroses et de gommes miliaires, qui élimine le foie syphilitique. Rien à noter non plus du côté des vaisseaux hépatiques. De même les cellules hépatiques sont saines. Elles ont l'aspect granuleux normal de celles du foie adulte et leur noyau se distingue par la même résistance à la coloration, ou pour mieux dire par la même pauvreté en chromatine. Les dimensions moyennes des cellules hépatiques sont de 13 à 16 μ, celles de leurs noyaux de 6 à 7 μ.

Les vaisseaux capillaires sanguins nous ont paru partout, sauf en des points très rares, munis de parois propres distinctes. Leurs parois sont bien un peu épaissies, mais elles ne présentent pas de sclérose comparable à celle que l'on trouve sur certains foies syphilitiques et en particulier sur le foie silex. Leur contenu est assez spécial, en effet, à côté des globules rouges et des globules blancs, qui ne présentent rien de spécial dans ces préparations, on y trouve des cellules rouges nombreuses, dont les noyaux varient de 3 à 6 μ en diamètre. Un petit nombre possèdent des noyaux doubles ou même en feuilles de trèfle; mais nous n'avons pu, sur ces pièces prises sur le cadavre, constater l'existence de karyokinèses. La forme et la réfringence de leur protoplasma, jointes à la disposition du réticule chromatique de leur noyau, les différencient suffisamment des leucocytes voisins. Nous reviendrons du reste sur l'étude de ces éléments, à propos des préparations par dessiccation du sang, qui s'écoule du foie.

La véritable caractéristique de ce foie, c'est la présence de cellules spéciales, que nous croyons pouvoir regarder comme des éléments hématopoétiques et qui sont représentés ici, de même que chez le fœtus : 1° par de grands éléments à noyaux multiples ou en boudin, avec traces de segmentation; 2° par de petites cellules polyédriques, à noyau rond, qui nous paraissent provenir de la segmentation des premiers et en tout cas sont complètement analogues à celles qui abondent dans le foie du fœtus.

Les grands éléments sont rares, ils demandent pour être trouvés une attention soutenue. Les recherches sont grandement facilitées par l'exploration méthodique de toute la préparation à l'aide de la platine mobile. Par ce procédé, on arrive à en rencontrer un assez grand nombre dans des coupes où au premier abord il semblait n'en exister que très peu. Ces éléments mesurent en moyenne 15 μ de diamètre, mais ils varient presque tous entre 11 et 20 μ. Ces cellules sont constituées par un protoplasma très finement granuleux, plutôt que véritablement hyalin et en tout cas bien différent du protoplasma grossièrement granuleux des cellules hépatiques voisines.

Ils renferment un ou plusieurs noyaux d'aspect variable. Le plus souvent c'est une sorte de boudin recourbé sur lui-même en fer à cheval, en S, quelquefois coudé de telle façon, que les différentes parties du boudin ne se trouvent pas sur le même plan et, par leur aspect en coupe optique, feraient croire à l'existence de plusieurs noyaux arrondis juxtaposés, si on n'avait pas soin de s'assurer avec la vis micrométrique de la continuité du noyau. Ce noyau montre un réticule chromatique irrégulier, à mailles allongées dans le sens de l'axe du cylindre qui le constitue. D'autres formes nucléaires plus rares sont les suivantes : noyaux de forme très irrégulière se colorant fortement par les réactifs ; noyaux constituant une masse mamelonnée plus ou moins irrégulière donnant l'idée d'un amas de billes ; enfin deux fois seulement nous avons pu noter des éléments où la substance chromatique du noyau était diffusée dans toute l'étendue du protoplasma, mais formait sur un des côtés de la cellule un amas semi-lunaire plus dense, qui vers le centre se continuait progressivement avec le reste plus clair de l'élément.

On voit donc que rien ne distingue ces grandes cellules de celles décrites par Foà et Salvioli dans le foie et dans tous les organes hématopoétiques du fœtus, dont nous avons pu nous-même contrôler la présence dans les mêmes conditions. La présence de ces cellules nous paraît être le réactif de l'activité hématopoétique des organes de cette sorte.

L'analogie avec le foie fœtal se continue dans la présence sur les coupes de petites cellules polygonales, que nous avons déjà signalées. Au lieu de former des traînées presque partout continues, comme dans les foies fœtaux, ces éléments ne constituent ici que des amas petits, discrets, et assez éloignés les uns des autres. Ces cellules mesurent de 5 à 8 μ et contiennent un noyau de 3 à 6 μ. Elles sont constituées par un corps protoplasmique hyalin, incolore, polyédrique par pression réciproque et partant très irrégulier, et par un noyau généralement unique et arrondi, à situation centrale.

Nous avons noté et dessiné des dispositions, qui paraissent prouver que les grandes cellules peuvent engendrer les petites. Ainsi, dans le même corps cellulaire, on peut voir à côté d'un noyau en boudin un second noyau petit, fort coloré, entouré d'un cercle de protoplasma hyalin. Dans d'autres cellules, le noyau est divisé et chacun de ces noyaux secondaires est entouré d'une zone où le protoplasma a pris l'aspect hyalin. Ces zones sont elles-mêmes isolées ou non par de fins traits de séparation.

Toutes les grandes cellules, les cellules à noyau divisé et les amas de petites cellules ont des rapports de contiguité, d'une part avec les travées hépatiques, où ils se creusent une logette hémisphérique ou irrégulière, et d'autre part avec les capillaires. Nous avons vu des points où ces éléments n'étaient séparés de la cavité du vaisseau par aucune paroi propre distincte ; mais nous ne voulons rien affirmer touchant l'existence ou l'absence réelles de cette paroi à ce niveau, car les pièces que nous avons recueillies sur le cadavre ne sauraient servir à des déterminations aussi délicates. Nous inclinons cependant à penser qu'ici, comme chez le fœtus, les amas cellulaires peuvent, au moins secondairement, se dissocier et se mettre en rapport avec une cavité vasculaire, pour se déverser dans le torrent circulatoire, où nous les retrouverons sous forme de cellules rouges.

Au reste ce ne semble pas être ici la seule origine des cellules rouges nombreuses, que nous avons trouvées dans le sang de ces enfants, car il existe dans la rate et dans la moelle des os des traces certaines d'activité hématopoétique.

Pour compléter l'étude histologique de ce foie (obs. XXII), pour juger mieux de son importance hématopoétique, il était nécessaire de rechercher les cellules rouges dans le sang recueilli directement à la surface de section de l'organe sur le cadavre. Malheureusement il ne pouvait être ici question de numération. Nous avons dû nous contenter d'examiner le sang étalé en couche mince, desséché et coloré. Les cellules rouges y sont un peu plus nombreuses que dans le sang capillaire et à peu près autant que dans la pulpe de la moelle des os et de la rate. En général, ce sont des cellules renfermant un seul gros noyau pâle ; mais on en voit aussi un bon nombre à noyau double ou en feuille de trèfle. Les globules blancs, également plus nombreux que dans le sang, se présentent ici avec les mêmes variétés. Seuls les leucocytes à grains éosinophiles paraissent plus rares que dans le sang capillaire général.

b) *Rate.* — L'augmentation de volume de cet organe est constante et forme l'une des caractéristiques du syndrome que nous étudions. Dans nos deux cas personnels la rate était parfaitement accessible à la palpation sur le vivant. Dans les trois cas de v. Jaksch et dans celui de Koblanck, la tuméfaction splénique fut également constatée pendant la vie. Son poids était de 430 gr. dans l'observation XXV et de 230 gr. dans l'observation XXII.

La surface de la rate était, dans notre cas, ridée, peu-tendue, il n'y a donc pas là une congestion aiguë ou chronique distendant la capsule ; mais celle-ci a pu se laisser distendre chroniquement. Par contre, dans l'obs. XXV la rate est donnée comme extraordinairement tendue.

En même temps, la capsule est le siège de périsplénite formant des taches laiteuses, planes, plus ou moins étendues. Il est probable que ces lésions inflammatoires auraient pu s'accentuer avec le temps, et que, si la survie avait été plus longue, nous aurions trouvé des lésions de périsplénite calleuse, fait ordinaire dans toutes les hypertrophies de la rate, quelle que soit d'ailleurs leur cause. La périsplénite se manifeste encore ici par la présence d'adhérences celluleuses, unissant le bord postérieur de la rate, à la partie correspondante de la paroi abdominale et de ponts filamenteux passant sur ses incisures.

A la coupe, le tissu splénique présente une coloration rouge uniforme. Les travées conjonctives du parenchyme ne sont pas augmentées d'épaisseur, les follicules de Malpighi ne sont pas augmentés de volume. On ne trouve pas non plus d'amas leucocytiques, ni de lymphomes ; cependant dans l'observation XXV, les follicules de Malpighi étaient hypertrophiés.

Nous exposerons l'histologie pathologique de la rate d'après nos notes de l'observation XXII, car l'examen microscopique de la rate de l'obs. XXV y a dénoté la présence de lésions leucocythémiques. On ne retire aucun renseignement spécial de l'emploi des objectifs faibles, sinon qu'il n'y existe pas de follicules de Malpighi. Les renseignements utiles sont donnés par les forts grossissements dus à l'objectif E de Zeiss et à l'immersion homogène 1/12 de Leitz.

Des éléments de la rate, les seules cellules présentent quelque intérêt ; les autres (réticulum, vaisseaux de divers ordres) n'offrent rien de spécial. Nous renvoyons à ce sujet à l'observation XXII. On peut y distinguer quatre ordres d'éléments cellulaires :

1° Des cellules hémoglobinifères nucléées de diverses formes. Elles mesurent en moyenne 8 à 9 μ de diamètre, présentent une forme arrondie ou polyédrique à angles mousses due à la pression des éléments voisins. Ces cellules sont isolées les unes des autres, leur nombre est relativement grand, jamais elles ne sont réunies en groupes, elles occupent seules ou avec une cellule incolore de la rate une des mailles du réticule splénique. Leur protoplasma hyalin est légèrement, mais nettement teinté par l'hémoglobine, il prend fortement l'éosine. Leur noyau, variant de 3 à 5 μ, est ordinairement unique et arrondi ; mais il peut affecter des formes différentes et très variables.

Quelquefois il se dédouble et les deux segments sont d'ordinaire parfaitement isolés, mais souvent ils restent réunis l'un à l'autre par un mince pont de substance chromatique ; d'autres fois le noyau affecte une forme de biscuit, indice de segmentation. Nous n'avons pu y trouver de formes karyokinétiques. Le réticule chromatique n'y est pas distinct. Ce sont-là, au point de vue qui nous occupe, les plus importantes de toutes les cellules de la rate ; nous nous contenterons d'énumérer rapidement les autres.

2° Des cellules arrondies ou ovalaires a protoplasma incolore, mesurant 6 μ en moyenne et qui constituent la grande majorité des éléments cellulaires de la rate. Elles possèdent un noyau arrondi, plus ou moins foncé, de 5 μ de diamètre, enfermé dans une très mince couche de protoplasma.

3° Des cellules blanches à noyau pâle, quelquefois lobé, et à grains éosinophiles, qui sont ici assez nombreuses.

4° De petites cellules polyédriques hyalines à noyau rond fortement coloré, qui sont accumulées autour de certaines artérioles et représentent les premiers vestiges des follicules de la rate. Leur diamètre est en moyenne de 3 μ et celui de leur noyau de 2 μ 5. Elles forment des amas irréguliers, qui mesurent en moyenne 25 μ sur 40.

On le voit, le fait plus frappant ici, c'est l'absence des grandes cellules à noyau en boudin, en couronne ou bourgeonnant, que nous considérons comme l'origine des cellules rouges du sang. C'est là un fait important, car il nous indique que la rate, malgré son hypertrophie, ne prend pas une part très active à la régénération du sang et plus particulièrement à la formation des cellules rouges. Mais il est plus difficile d'en déduire si l'hypertrophie splénique est la cause ou le résultat de la lésion leucocytaire du sang.

Les préparations du suc splénique desséché en couche mince sont beaucoup moins instructives. C'est toujours l'obs. XXII, qui nous fournit des renseignements. Les cellules rouges sont aussi nombreuses que dans la moelle des os, plus nombreuses que dans le foie, mais la plupart ne possèdent qu'un noyau rond unique. Nous n'avons pu y noter les cellules à protoplasma incolore, prédécesseurs directs des cellules rouges, qui au contraire sont fort abondantes dans la moelle des os.

c) *Moelle des os.* — Son état n'est noté que dans les observations XXII et XXV.

La moelle du fémur gauche, avons-nous constaté, est rouge et un peu diffluente; v. Jaksch a noté aussi que la moelle du fémur était rosée, riche en sucs, « caractéristique de la moelle leucémique ».

Cette moelle, examinée sur les coupes, présentait, à côté de nombreuses cellules incolores, une grande quantité de cellules rouges dans l'observation de v. Jaksch. Dans notre obs. XXII, il ne nous a pas semblé que la multiplication des cellules rouges fut aussi considérable. Par contre, nous avons constaté la présence de toutes les formes nucléaires et notamment celle de beaucoup de cellules rouges très peu chargées d'hémoglobine, que nous regardons comme intermédiaires entre les cellules rouges ordinaires et les grandes cellules à noyau polymorphe. Dans les préparations de moelle prise au bulbe du fémur, nous avons pu retrouver de ces grandes cellules, un peu déformées, mais dont le noyau avait encore conservé son aspect caractéristique. Nous n'avons trouvé de graisse que dans les préparations de la moelle prise dans le canal médullaire.

Les indices d'activité hématopoétique sont donc plus accusés dans le bulbe que dans la diaphyse, ce qui n'a pas lieu de nous étonner, étant donnée la façon dont se développe le canal médullaire aux dépens du tissu spongieux des extrémités osseuses, et la persistance de la moelle rouge, plus durable dans les aréoles du tissu spongieux que dans la grande cavité diaphysaire, par où commence le dépôt de graisse, qui ne fait que s'accentuer avec les progrès de l'âge.

d) *Ganglions lymphatiques.* — L'augmentation du volume de ces organes n'est pas une lésion frappante, cependant nous avons constaté (obs. XXII) que les ganglións lymphatiques du hile du foie étaient augmentés de volume, sans modification de leur consistance et qu'ils formaient, de ce point à la tête du pancréas, une chaîne ininterrompue. Les ganglions du mésentère, si développés proportionnellement chez l'enfant, ne présentent pas d'augmentation appréɔiable de leur volume. Le plus gros de tous mesurait 6 millim. de long sur 3 de large. Il en est de même des ganglions de la petite courbure de l'estomac. Les ganglions trachéo-bronchiques n'étaient pas non plus augmentés de volume.

Au contraire, dans l'obs. XXV, il existait une hypertrophie manifeste de tous les ganglions lymphatiques, entre autres de ceux du hile de la rate ; mais nous verrons, en traitant de la nature de la maladie, comment il faut interpréter cette constatation.

Nous n'avons pas soumis à l'examen histologique les ganglions lymphatiques de la malade de l'observation XXII. Nous trouvons noté dans le cas de v. Jaksch que ces organes présentaient des altérations analogues à celles de la leucémie.

Tel est l'état des organes hématopoétiques. Essayons de résumer en peu de mots les résultats bruts de cette étude et de les interpréter.

Tous les organes hématopoétiques, sauf les ganglions, présentent des signes d'activité exagérée ; mais celle-ci est nettement au maximum dans la moelle des os.

Le foie en présente aussi des traces, peu accusées, il est vrai, mais, encore est-il, que nous ne pouvons les négliger. Nous croyons d'ailleurs être le premier à les signaler à cette période de la vie, le travail cité de Rocco di Lucca n'ayant porté que sur des fœtus et des nouveau-nés très peu avancés en âge et les embryologistes s'accordant à faire cesser l'hématopoèse hépatique chez l'homme un peu avant la naissance.

La rate joue-t-elle ici un rôle important dans la formation des cellules rouges ? C'est un point délicat. Mais nous croyons devoir incliner vers la négative en présence de ce double fait : que les cellules rouges qu'elle contient présentent toutes les indices d'une évolution avancée (noyau petit et fortement colorable, forte teneur en hémoglobine du protoplasma) et qu'il n'existe pas dans son parenchyme de grandes cellules à noyau polymorphe, si caractéristiques de la fonction des organes hématopoétiques.

Quant à l'origine probable de la leucocytose, manifeste dans l'observation de v. Jaksch, où il existait des lésions leucémiques des ganglions, de la rate et de la moelle, elle l'est moins dans le nôtre où le nombre des cellules incolores de ces organes ne paraît pas manifestement accru et où d'ailleurs ces cellules représentent absolument des types normaux. L'absence de leucocytose dans l'adénie prouve en effet que l'hyperplasie des organes lymphoïdes ne suffit pas à produire le passage des globules blancs dans le sang ; mais qu'il faut encore une autre condition jusqu'à présent indéterminée. Nous dirons donc seulement que la légère augmentation des leucocytes éosinophiles du sang peut bien reposer sur la multiplication des cellules analogues de la moelle des os et de la rate.

II° Lésions contingentes. — a) *Lésions consécutives à l'anémie infantile pseudo-leucémique. — Lymphomes, infarctus blancs, hémorrhagies.* — On voit, d'après l'étude qui précède que l'anémie pseudo-leucémique, si elle détermine une suractivité des organes hématopoétiques, ne paraît pas s'accompagner dans les cas types de lésions leucémiques, dues, soit à l'accumulation mécanique des globules blancs, soit au développement dans les organes de tumeurs lymphoïdes. Il n'en est pas toujours ainsi et au point de vue nosologique, il n'est pas sans intérêt de revenir sur l'état des organes de l'enfant, dont l'observation a été publiée par v. Jaksch (XXV) ; car anatomiquement elle nous paraît constituer un intermédiaire entre nos observations XXI, XXII, XXIII, XXIV et XXVI et la leucocythémie vraie.

Lymphomes. — Autant qu'on en peut juger d'après la lecture attentive de l'observation de v. Jaksch, il existait une hypertrophie notable de tous les ganglions lymphatiques (médiastin, mésentère, hile de la rate, hile du foie, cou, aisselles, aines), hypertrophie qui, chez notre malade (XXII), ne se retrouvait qu'aux seuls ganglions du hile du foie. Ce n'est pas tout, au dire d'Eppinger, qui a fait l'autopsie du malade de v. Jaksch, « les altérations typiques de la leucémie » se retrouvaient dans les ganglions aussi bien que dans la rate et dans la moelle des os, où les cellules incolores étaient augmentées de nombre et tassées les unes contre les autres.

Infarctus blancs et hémorrhagies. — Nuls chez notre malade (XXII), ils ont été retrouvés chez l'enfant de l'observation XXV, dans le foie, le rein, l'intestin, le cœur et la peau. Ils ont été l'origine de pétéchies et d'épistaxis.

B. Lésions accidentelles. — Complications. — Sauf la présence possible dans différents organes d'infarctus leucocyques et peut-être de lymphomes, l'anémie infantile pseudo-leucémique ne détermine pas d'altérations en dehors de celles du sang et des organes hématopoétiques.

Nous ne rappellerons donc que pour mémoire les lésions de gastro-entérite catarrhale, avec légère psorentérie et tuméfaction des plaques de Peyer, bien différentes des grosses tumeurs que donne la lymphadénie intestinale (1) et rapportables seulement à la maladie, qui a amené la mort de l'enfant. Nous en dirons autant des lésions de pneumonie épithéliale, sans caractères spéciaux, que nous avons trouvées chez le même enfant (XXII).

Les autres organes étaient parfaitement sains, aussi bien dans notre autopsie que dans celles de v. Jaksch. (Voy. obs. XXII, XXIII et XXV.)

Chapitre IV

Symptomatologie.

L'anémie pseudo-leucémique se présente avec un ensemble symptomatique assez net, pour pouvoir, je ne dis pas la reconnaître à distance, mais du moins la soupçonner à la seule inspection de l'enfant.

Dans nos observations XXI et XXII, le tableau clinique était des plus nets. L'enfant, d'une pâleur considérable, est plongé dans un état de stupeur peu accentuée, il réagit mal aux excitations, il soutient difficilement sa tête qu'il laisse rouler sur l'oreiller, ou sur le bras de la personne qui le porte. Il ne pousse pas spontanément de cris, ou bien il ne le fait qu'à l'occasion d'une douleur provoquée et sa voix est faible et sans vigueur. Enfin, quand on le découvre, on constate que le ventre est proéminent, sans tension et le palper sinon déjà l'inspection, permet de reconnaître une tuméfaction considérable de la rate. On trouve en même temps que le foie déborde les fausses côtes d'un ou de deux travers de doigt. Si l'on ajoute à ce tableau certains

(1) Voy. V. Gilly. *Etude sur la lymphadénie intestinale*. Th. Paris, 1886.

signes inconstants, tels que la diarrhée, et certains signes négatifs, à savoir : l'absence de déformations rachitiques ou syphilitiques des os, l'absence d'éruptions cutanées, de tuméfactions ganglionnaires et de signes de tuberculose, on a à peu de choses près tous les caractères importants de l'anémie infantile pseudo-leucémique ; à la condition cependant de constater les lésions hématiques, que nous allons indiquer plus bas et qui permettent seules d'établir fermement le diagnostic, par leur association avec les symptômes précités. Ces lésions consistent d'une façon générale en une anémie grave (3e degré d'Hayem), une augmentation modérée du nombre des globules blancs et la présence dans le sang d'une très notable quantité de cellules rouges, dont un bon nombre présentent des formes de karyokinèse.

Analyse des symptômes. — L'habitude extérieure de enfants ne présente ici rien de spécial, elle est commune à l'anémie pseudo-leucémique et à toutes les maladies débilitantes à marche un peu rapide des enfants. L'enfant, généralement trop jeune pour marcher, semble préférer le décubitus horizontal, pendant lequel il ne se meut volontairement que très peu. Il ne crie pas spontanément et il ne paraît pas souffrir quand on le prend dans les bras.

Ce qui frappe le plus, c'est l'extrême pâleur du visage. C'est une pâleur franche, sans teinte quelconque des téguments. Différente de la pâleur transparente des enfants albuminuriques et de la teinte plombée des petits syphilitiques, sa coloration se rapproche plutôt de la pâleur de certaines chlorotiques à peau blanche et fine.

Le visage est modérément replet. On ne trouve jamais ici l'aspect de petits vieillards, si caractéristique dans l'athrepsie.

La même pâleur des téguments se retrouve sur le reste du corps.

Les muqueuses sont décolorées et non pas livides. Les lèvres conservaient cependant, dans les deux cas que nous avons observés, une certaine coloration rosée.

Un signe négatif important, c'est l'absence d'éruptions cutanées. On peut bien il est vrai y noter des éruptions variées et d'ordre vulgaire, telles que l'acné, l'érythème des fesses entretenu par la malpropreté ; mais jamais ces éruptions ne rappellent les syphilides cutanées, les excoriations et fissures aux angles des lèvres ou des paupières des petits héréditaires, ni les diverses manifestations de la scrofule, que l'on rencontre chez le petit tuberculeux. Nos deux malades étaient exempts de toutes ces manifestations diathésiques et dans l'obs. XXV, la seule que v. Jaksch rapporte en détails, il n'existait que de l'eczéma de la tête.

L'œdème de la peau est signalé dans l'observation XXV, à la période terminale de la maladie.

L'appareil digestif ne présente à noter absolument aucunes manifestations inflammatoires simples ou spécifiques du côté de la bouche ou du pharynx. L'éruption dentaire était commencée chez nos deux malades. Il n'existait aucune trace d'inappétence et la déglutition se faisait normalement.

Il n'en est pas de même des vomissements et de la diarrhée. Le vomissement, la gastro-entérite ont été notés dans notre observation XXII ; mais il est difficile de savoir si à ce moment l'enfant était déjà anémique, ou si l'anémie a été consécutive à ces troubles. Comme d'autre part cette même enfant est morte de gastro-entérite des nouveau-nés, avec diarrhée verte, nous ne pouvons y voir qu'une complication, qui a entraîné la mort. Quoi qu'il en soit, nous croyons pouvoir affirmer que pendant la période qui a précédé l'éclosion de cette gastro-entérite infectieuse, les fonctions digestives de l'enfant étaient troublées depuis au moins six mois.

La forme du ventre et les résultats de son exploration physique méritent de nous arrêter plus longuement. Dans nos six observations, (XXI à XXVI) l'abdomen était développé, proéminent. La tuméfaction est généralement uniforme, ovoïde ; mais, dans certains cas, la tumeur splénique peut lui faire perdre de sa régularité, lorsque la rate très développée soulève la partie correspondante de la paroi abdominale antérieure.

A l'inspection, on peut aussi constater sur le ventre, la présence de rares veinules dilatées. Ces veinules n'atteignent jamais un calibre considérable ; elles sont seulement beaucoup plus apparentes qu'à l'état normal et leur dilatation est plutôt en rapport avec la distension de l'abdomen qu'avec une gêne de la circulation intra-abdominale, qui d'ailleurs, ne serait pas expliquée par l'anatomie pathologique.

La percussion et la palpation permettent de délimiter aisément une tuméfaction considérable de la rate. Cet organe constitue dans le flanc gauche une tumeur volumineuse, mate, dure, limitée en avant par un bord tranchant, présentant des incisures. Quelquefois, comme dans notre observation XXII, on peut même sentir son bord postérieur mousse et arrondi : on a alors pour ainsi dire tout l'organe dans la main et on peut en relever les moindres particularités. La direction du bord antérieur, toujours accessible, est oblique en bas et en avant. En haut et en arrière, la rate se prolonge sous les fausses côtes et jusqu'au bord externe de la masse sacro-lombaire, par une zone de matité déterminable à la percussion. En bas et en avant, elle peut descendre plus ou moins bas et atteindre la crête iliaque du côté correspondant. En un mot, les signes physiques sont ceux que peut donner une rate énormément tuméfiée. Quand cet organe n'est pas fixé par des adhérences, on conçoit qu'il puisse se déplacer légèrement en bas et en avant en obéissant à la pesanteur. Cette tumeur n'a jamais été douloureuse dans nos deux observations ; la douleur n'est pas non plus relevée dans les observations que nous empruntons à v. Jaksch. Il est facile de la palper à loisir, sans faire pousser de cris à l'enfant, si son attention est attirée ailleurs, ou bien si on le trouve endormi.

Le foie, délimité par les procédés ordinaires, était augmenté de volume dans les observations XXI, XXII et XXV. Il déborde les fausses côtes de 2 à 3 travers de doigt. Le bord du foie reste parallèle au rebord des fausses côtes. La partie de la face antérieure accessible au palper est uniformément lisse. Cette tuméfaction hépatique ne paraît pas douloureuse. On ne peut percevoir à la palpation de tumeur répondant à la vésicule biliaire.

Le reste de l'abdomen est plus ou moins simple, généralement il n'est que modérément tendu et l'on peut s'assurer par la palpation, qui n'est pas douloureuse, que les ganglions mésentériques et lombaires n'ont pas subi d'hypertrophie. Enfin nous devons ajouter que l'on ne trouve pas de signes d'ascite.

De même que les ganglions de l'abdomen ne fournissent dans les cas typiques que des signes négatifs, les ganglions sous-cutanés facilement accessibles, tels que ceux du cou, des aisselles et des aines ne présentent qu'une augmentation très modérée de leur volume et jamais de ces masses énormes, qui appartiennent à l'adénie ; jamais, non plus on n'y peut trouver de modifications pouvant être rattachées à la tuberculose, ou à d'autres néoplasies. Il n'existe d'hyperplasies ganglionnaires notables que dans certains cas où, comme dans l'observation XXV, l'anémie infantile pseudo-leucémique s'est terminée par le tableau clinique complet de leucocythémie.

L'appareil respiratoire ne fournit, dans les cas non compliqués, que des signes négatifs. Notamment on n'y peut déceler aucune trace de tuberculose, ni d'adénopathie trachéo-bronchique. L'enfant de l'obs. XXII toussait un peu il est vrai, mais il ne nous avait donné que des signes de bronchite, qu'il est si fréquent de rencontrer au cours des gastro-entérites infectieuses et du choléra infantile. De même, il existait un peu de bronchite dans l'observation XXV.

Nous ne pouvons que signaler l'absolue intégrité du cœur et du système circulatoire. La circulation périphérique était normale dans toutes nos observations personnelles et on n'y rencontrait ni ecchymoses, ni pétéchies. Cependant, dans l'observation XXV, où l'état du sang et des organes se rapprochait beaucoup de celui de la leucocythémie, on a vu survenir dans les derniers jours quelques pétéchies. L'épistaxis n'a pas été signalée dans nos cinq observations ; en tout cas, il est douteux qu'elle puisse atteindre la gravité et la fréquence, que montre ce symptôme dans la leucocythémie.

Dans nos observations XXII et XXV, il existait une fièvre modérée ; mais nous devons à ce point de vue faire de grandes réserves. Pour ce qui a trait à l'observation XXII, la fièvre relevait très certainement de la gastro-entérite infectieuse concomitante, elle s'est élevée jusqu'au moment de la mort, mais n'a jamais atteint 40°. Dans l'obs. XXV, la température a été relevée avec soin ; elle a donné une courbe irrégulière, où de grandes oscillations ont coïncidé avec des signes de broncho-pneumonie légère ; vers la fin, la température était un peu au-dessus de la normale, mais sans jamais dépasser 39°.

Nous n'avons de renseignements sur l'état de l'urine que dans les observations XXII et XXV. Dans les deux cas, il s'y trouvait de la sérine. Nous avons de plus noté, chez notre petite malade (obs. XXII), la présence de quantités notables d'urobiline. Mais nous ne croyons pas pouvoir nous baser sur ces observations, pour établir la séméiologie de l'urine, parce que dans l'observation XXII, il existait une diarrhée infectieuse et que l'observation XXV se distingue par plus d'un trait de la forme commune de l'anémie pseudo-leucémique. Dans ce cas, il existait d'ailleurs des lésions rénales.

L'appareil locomoteur ne nous fournit absolument que des signes négatifs. Nous tenons à bien établir ici l'absence de déformation rachitique de la tête, du tronc et des membres, ainsi que l'absence des pseudo-paralysies et des fractures spontanées que l'on rencontre quelquefois chez les enfants hérédo-syphilitiques.

Tous les mouvements spontanés et communiqués se font facilement et sans douleur. Ils sont, il est vrai, lents et traînants ; mais ce fait doit être rattaché à la torpeur, produite chez ces enfants par l'anémie grave, qui forme en effet le point le plus caractéristique du tableau clinique.

Le système musculaire n'est le siège d'aucun trouble fonctionnel. Nous l'avons trouvé moyennement développé dans nos deux cas. L'amaigrissement des membres dans l'observation XXII tient évidemment à la diarrhée et porte surtout sur le pannicule adipeux. Dans l'observation XXI, les membres étaient encore bien matelassés. Il existait un très léger œdème cachectique blanc et mou, mais n'atteignant pas le degré qu'indique v. Jaksch dans l'observation XXV.

Les signes fournis par l'*examen clinique du sang* sont multiples et importants. Ils découlent de l'application aux malades des procédés de numération et d'examen du sang à l'état frais, ou après dessiccation rapide en couche mince et coloration, que nous avons décrits plus haut. (Voy. *Technique*.)

Globules rouges. — Leur nombre est toujours fortement diminué. Dans nos deux observations personnelles (XXI et XXII), nous trouvons respectivement 2,712,000 et 2,628,000. Dans celles de v. Jaksch, 1,300,000 et même 820,000; dans l'observation XXV, le nombre des globules rouges a décru progressivement de 3,380,000 à 2,500,000.

Mais, à ne considérer que le nombre absolu des hématies, on aurait une idée imparfaite du degré d'anémie de ces enfants. Il faut, comme l'a indiqué M. Hayem, tenir compte surtout de la teneur du sang en hémoglobine. Encore plus que le nombre des globules, elle est au-dessous de la normale, ne dépassant pas la valeur de 1,356,000 et 1,500,000 globules sains, dans nos observations XXI et XXII, où l'estimation a été faite par le procédé colorimétrique de M. Hayem. Il en résulte que la valeur colorante moyenne du globule rouge n'est égale qu'à environ la moitié de la valeur du globule rouge sain, soit 0,50 et 0,57 au lieu de 1,00. Nous remarquons dans les observations de v. Jaksch, une diminution analogue de l'hémoglobine, constatée à l'aide des chromomètres d'Hénocque et de Fleischl ; malheureusement, les échelles n'étant pas exactement superposables, nous ne pouvons traduire ses chiffres en des valeurs correspondantes à celles données par le procédé d'Hayem. Cependant on peut dire que l'hémoglobine paraît avoir diminué un peu plus vite que le nombre des globules ; de 6 gr. 4 0/0 de sang en volume au début de l'observation, elle tombe à 3 gr. 7 0/0 à la fin.

Cette diminution du nombre des globules rouges s'apprécie également à l'aide de l'examen du sang pur dans la cellule à rigole. Les globules, au lieu de s'accoler en piles régulières, se touchant toutes, comme dans le sang normal, constituent des piles courtes, séparées les unes des autres par de grands espaces plasmatiques et en outre un certain nombre d'éléments restent isolés dans le plasma, ce qui n'a jamais lieu avec le sang normal ou même modérément anémique.

La diminution de coloration des globules rouges est due à la présence dans le sang d'un grand nombre de petits globules pâles et même d'un certain nombre de poikilocytes ou petits globules déformés, dont nous relevons l'existence dans chacune de nos cinq observations. Nous devons dire cependant que nous n'avons pas trouvé dans nos examens de ces corps filamenteux spontanément mobiles, indiqués par M. Hayem (1), dans les anémies graves et intenses, et qui ne sont autres que des globules rouges peu chargés d'hémoglobine et possédant une active contractilité.

Les hématoblastes ont subi une diminution de nombre, appréciable à la seule inspection du sang pur dans la cellule à rigole ; ils ne forment que de très petits amas (obs. XXI) et ne paraissent pas avoir subi de modifications de leur altérabilité.

Cellules rouges. — Malgré cette anémie n'atteignant guère que les derniers stades d'une anémie grave, ou le premier d'une anémie intense, malgré l'âge relativement avancé de nos malades, nous avons constaté, avec notre maître, M. Hayem, un fait intéressant, qui

(1) Hayem. *Soc. méd. des hôp.*, mars 1890.

n'a pas été relevé par v. Jaksch, et qui pour nous, constitue une caractéristique des plus importantes du sang dans la forme d'anémie qui nous occupe.

Chez nos deux malades (obs. XXI et XXII), il existait dans le sang un grand nombre de cellules rouges. Malheureusement, la numération n'en a pas été faite, parce que nous avons employé comme sérum de dilution le liquide A d'Hayem, qui les met mal en évidence et que nous ne possédions pas alors le liquide coloré, qui nous a permis de voir très nettement et compter les cellules rouges dans le sang des fœtus humains et des animaux nouveau-nés. (Voy. *Technique.*) Il en résulte que le chiffre 1,700 par millim. c. que nous relevons dans nos notes de l'observation XXII nous paraît beaucoup trop faible, à en juger par la comparaison des préparations de nos cas avec celles des autres cas d'anémie infantile.

Quoi qu'il en soit, l'examen des préparations sèches colorées au bleu de méthylène est ici fort caractéristique. Les cellules rouges, accumulées surtout sur les bords de la préparation, se distinguent très aisément à l'intensité de coloration de leur noyau et à la teinte bleu verdâtre de leur protoplasma, bien différente de la couleur franchement bleue du protoplasma des leucocytes.

Nous ne voulons pas reproduire ici l'examen histologique détaillé de nos préparations, que l'on trouvera joint aux observations XXI et XXII ; mais seulement en indiquer les points principaux et en particulier ceux qui touchent plus directement aux données séméiologiques, que fournit ce procédé d'exploration.

Les cellules rouges, que l'on rencontre chez nos deux malades, sont formées d'un corps cellulaire plus ou moins volumineux, en général plus grand que les globules rouges voisins. La coloration de leur protoplasma est plus bleue que celle des globules rouges, ce qui indique que les cellules rouges contiennent une moins grande proportion d'hémoglobine, ou bien qu'elles ont une constitution différente de celle des globules. Ces différences s'accentuent par le procédé de coloration au bleu de méthylène et à l'acide chromique : dans ces conditions, les cellules rouges conservent plus aisément que les globules rouges la teinte violette que l'on trouve constamment sur tous les protoplasmas non différenciés du sang ou des organes hématopoétiques.

Dans ce syndrome clinique, les noyaux des cellules rouges en circulation présentent une variété de formes tout à fait remarquable. Tandis que nous n'avons guère trouvé dans les autres formes d'anémie infantile, que des noyaux ronds, petits, et se colorant fortement, dans l'anémie infantile pseudo-leucémique les noyaux sont en général plus volumineux et on trouve un bien plus grand nombre de figures de division nucléaire dans le sang en circulation.

La plupart des noyaux sont sphériques, mais les variétés pâles et volumineuses avec un réticulum chromatique parfaitement distinct, placées dans un mince corps cellulaire, sont de beaucoup les plus fréquentes. Souvent on trouve à côté d'un noyau rond une émanation nucléaire, chromatique, punctiforme, beaucoup plus petite que lui : une sorte de globule polaire. Après les cellules à noyau unique et sphérique, la forme la plus fréquente est constituée par la cellule contenant deux noyaux ronds, à réticule chromatique distinct, à peu près égaux en volume, plus ou moins éloignés l'un de l'autre, quelquefois encore soudés ensemble, certaines de ces cellules à double noyau présentent en leur milieu un trait équatorial d'étranglement, en indiquant qu'elles sont en train de se diviser en deux cellules filles. Viennent ensuite les cellules à noyau divisé en lobes plus ou moins nombreux. Dans cellés-ci, la chromatine se dispose en cônes allongés ou en massues, où on ne distingue plus trace de réticule chromatique et qui sont réunis par leurs sommets en un point central. Souvent un des segments chromatiques se rapproche davantage de la forme sphérique ; d'autres fois, un certain nombre présentent à leur extrémité libre des encoches linéaires profondes, qui tendent à segmenter la masse chromatique en un certain nombre de parties plus étroites. Le nombre des segments varie de 3 à 7. Enfin, nous avons vu, et en nombre relativement considérable, des noyaux présentant des phénomènes typiques de mitose et dont les formes les plus fréquentes sont celles de l'étoile mère équatoriale, la métakinèse, ou premier stade du dédoublement en deux étoiles filles, et les deux étoiles filles en situation polaire, séparées par un segment équatorial clair.

Un fait à signaler, c'est que, tandis que les noyaux sphériques simples ou doubles paraissent environnés d'un cercle clair, il ne semble pas y avoir de zone claire au pourtour des noyaux lobés et des filaments chromatiques dans les figures karyokinétiques.

En un mot, à ne considérer que les cellules rouges, le sang des enfants atteints d'anémie pseudo-leucémique diffère de celui des enfants atteints d'anémie grave, simple ou avec tuméfaction splénique, par le nombre relativement grand des cellules rouges et surtout par la fréquence et la beauté des formes karyokinétiques que l'on rencontre parmi elles et qui permettent d'admettre que ces éléments sont susceptibles de se multiplier dans le sang en circulation.

Globules blancs. — L'augmentation de nombre de ces éléments du sang constitue un autre des caractères les plus importants de l'anémie infantile pseudo-leucémique. Et, à ce point de vue, nous croyons pouvoir faire des distinctions entre les cas.

Tantôt et le plus souvent, le nombre des globules blancs n'a subi qu'une augmentation modérée. C'est ainsi que dans nos observations XXII, XXVI, XXI, le nombre des leucocytes était respectivement de 17,200, 19,000, 33,000, par mmc., qu'il atteignait 54,000 dans l'obs XXIII. Ce nombre peut subir de grandes fluctuations, puisque dans l'obs. XXIV il varie de 20,000 à 90,000 et qu'il a pu une fois ne pas dépasser 14,000. La plus grande irrégularité se montre donc dans ces variations de nombre.

D'autres fois, comme dans l'observation XXV, il augmente du début à la fin de la maladie, où de 84,000 il est monté successivement à 90,000, 130,000 et 192,000, dans l'espace de six mois. On peut voir, en se reportant à l'observation, qu'à la fin de la maladie, le rapport des globules blancs aux rouges était de 1 à 13, c'est-à-dire un rapport que l'on trouve dans les formes peu avancées de la leucocythémie.

Mais il faut aller plus avant dans l'analyse, les recherches récentes de Ehrlich, Ranvier, Renaut, Lövit, Prus, Arnold, Mayet, Maissas, Ouskov, ayant paru démontrer que l'augmentation du nombre des globules blancs n'est pas tout dans la leucocythémie et qu'il faut aussi tenir compte des variétés de leucocytes rencontrées dans le sang en circulation. C'est d'une part à l'aide des préparations de sang desséché en couche mince et diversement coloré, d'autre part en étudiant le sang pur vivant, que l'on peut chercher de nouveaux renseignements.

Ce sont surtout les éléments jeunes, dont le nombre est augmenté, c'est-à-dire les petits leucocytes constitués par un noyau très colorable, entouré d'une mince couche de protoplasma hyalin, les leucocytes hyalins à noyau diffusé ou bien différencié, mais pâle. On trouve en outre d'assez nombreux globules à protoplasma hyalin et à noyau segmenté (formes vieillies d'Ouskov). Par contre, les formes intermédiaires, les globules hyalins à noyau volumineux, pâle, plus ou moins lobé, sont rares. Enfin on trouve un assez grand nombre de leucocytes de Semmer ou à grains éosinophiles. J'ajouterai que dans le sang de l'observation XXI, il existait des formes leucocytiques, dont le noyau était plus pâle que le protoplasma et qui ressemblaient fort à certains éléments blancs de la rate et de la moelle des os.

Les grands globules blancs sont rares dans l'observation XXII, plus fréquents dans l'observation XXV, mais aussi un peu dans l'observation XXI, où ces formes hypertrophiées se rencontrent plus fréquemment. Nous manquons de renseignements à ce sujet dans les autres cas.

Quant à l'activité amiboïde des globules blancs, elle était conservée dans l'observation XXI.

En somme, dans les cas où la leucocytose est peu prononcée, les formes de globules blancs ne diffèrent de celles que l'on rencontre dans les autres anémies infantiles que par la présence d'un plus grand nombre de leucocytes à grands éosinophiles et par l'accumulation dans le sang d'un certain nombre de leucocytes à noyau segmenté, ou de formes leucocytaires vieillies d'Ouskov. Les grands leucocytes hypertrophiés fréquents dans la leucémie semblent n'apparaître ici que dans les cas où la leucocytose s'exagère et surtout dans ceux où, comme dans l'observation XXV, l'anémie infantile pseudo-leucémique se termine avec l'ensemble symptomatique de la leucémie.

Nous ne ferons que signaler pour finir la formation dans le sang pur de l'observation XXI d'un réticulum fibrineux entièrement normal.

Chapitre V

Marche, durée, terminaisons.

Pour terminer l'étude clinique de l'anémie pseudo-leucémique, il nous reste à examiner de quelle façon elle évolue. Malheureusement les matériaux que nous possédons ne peuvent nous permettre qu'un exposé incomplet.

Le début paraît avoir été marqué par des phénomènes gastro-intestinaux, dans l'observation XXII. Mais nous ne relevons rien de frappant dans l'anamnèse des autres cas. Quoi qu'il en soit, il paraît résulter de nos observations que le début est lent, insidieux, l'anémie et la tuméfaction splénique s'établissent parallèlement et progressivement et ce n'est guère que par hasard que les parents ou plus souvent le médecin s'aperçoivent de la tuméfaction splénique.

Une fois constituée, l'anémie pseudo-leucémique ne paraît pas rester indéfiniment stationnaire. D'après v. Jaksch, la guérison serait possible (obs. XXIV) et dans ce cas elle ne s'est pas fait attendre, puisque après un mois de traitement le chiffre des globules rouges avait atteint 6,043,000. Cependant les globules blancs étaient encore très nombreux, 50,000, et n'avaient pas encore repris le chiffre normal de l'enfance, où ils n'atteignent guère que 10,000 à 12,000 (Hayem).

Dans trois autres de nos observations (XXII, XXIII, XXV) la maladie s'est terminée par la mort ; mais ici il y a lieu d'établir des distinctions. Une fois (obs. XXIII) c'est à la survenance d'une complication pulmonaire, une autre fois (obs. XXII) c'est à une gastro-entérite cholériforme que la terminaison fatale doit être attribuée. Car, au moins dans l'obs. XXII, l'état général de l'enfant ne laissait pas présager une terminaison fatale aussi rapide, si aucune complication n'était intervenue. Dans ce cas, la durée totale de la maladie avait été de six mois environ, si nous en rapportons le début aux premiers symptômes de diarrhée.

L'observation XXV présente un grand intérêt au sujet de l'évolution possible de l'anémie pseudo-leucémique. La maladie semble avoir évolué en douze mois au maximum, dont six pendant lesquels l'enfant a été en observation. Pendant ce temps les symptômes se sont aggravés au point que l'on peut rapporter la mort aux seuls progrès de la lésion hématique. Ainsi d'une part, le nombre des globules rouges diminuerait progressivement de 3,380,000 à 2,300,000 puis 2,500,000, de l'autre les globules blancs subissaient une augmentation considérable de leur nombre et de 84,000, montaient en cinq mois à 190,000. En même temps on voyait survenir une augmentation de volume de la rate et des ganglions lymphatiques, d'ailleurs hypertrophiés dès le début de l'observation et il se formait un œdème cachectique, des pétéchies, des signes d'embarras de la respiration, de la cyanose, phénomènes qui précédèrent de peu la mort de l'enfant. En somme, l'anémie pseudo-leucémique s'était progressivement transformée en leucocythémie à laquelle l'enfant a succombé.

Nous n'avons malheureusement pas pu suivre le malade de notre obs. XXI; mais l'état grave dans lequel il se trouvait au moment où nous l'avons vu, nous fait penser qu'il a dû succomber rapidement.

Quant à l'observation XXVI, elle est trop incomplète pour que nous en tirions quelque conclusion.

L'observation publiée par v. Jaksch en 1890 (XXIV) est donc jusqu'à nouvel ordre le seul cas de guérison que nous connaissions et encore est-il controuvable.

Chapitre VI

Pathogénie et nature.

Pouvons-nous, d'après ce qui précède, nous faire une idée exacte de l'anémie infantile pseudo-leucémique? Pouvons-nous essayer de marquer sa place dans la nosologie?

Tout d'abord nous croyons nécessaire de bien distinguer les cas à faible augmentation des globules blancs de ceux où, comme dans notre obs. XXV, il existe une tendance manifeste à leur multiplication.

Dans la première variété de cas, le fait clinique le plus frappant est bien certainement la présence dans le sang d'un nombre considérable de cellules rouges en voie de prolifération. Tandis que nous voyons chez des enfants plus jeunes atteints d'anémie simple le nombre des cellules rouges être extrêmement restreint dans le sang en circulation, il est bien évident qu'il existe ici une disposition spéciale d'où dépend la présence dans le sang de cette quantité de cellules rouges.

On peut invoquer ici le déversement incessant dans les vaisseaux des cellules rouges formées dans les divers organes hématopoétiques et d'autre part la multiplication de ces éléments dans le sang lui-même. L'étude anatomique que nous avons faite plus haut nous a en effet démontré que le foie, la rate, la moelle des os contiennent des cellules rouges et même des grandes cellules à noyau polymorphe, hématoblastes de Foà et Salvioli, qui sont dans ces organes les producteurs des cellules rouges, par l'intermédiaire des cellules hyalines incolores. Pour préciser davantage, nous devons même dire que dans nos faits personnels (obs. XXII) seuls, le foie et la moelle des os montrent les trois stades de l'évolution de ces cellules; tandis que dans la rate on retrouve seulement des cellules rouges et pas une grande cellule, et que dans les ganglions lymphatiques on ne retrouve pas même de cellules rouges.

Cependant nous ne croyons pas que ces deux sources suffisent ici à produire la grande quantité de cellules rouges que l'on trouve dans le sang, et cela pour deux raisons.

D'une part, dans les anémies avec mégalosplénie syphilitique et rachitique, le nombre des cellules rouges en circulation est extrêmement restreint. Il est bien vrai que le foie, dans les cas d'anémie syphilitique que nous avons étudiés anatomiquement ne paraissait pas former de cellules rouges ; mais la rate en fournissait abondamment dans l'obs. XVI, puisqu'elle contenait à la fois des éhmatoblastes de Foà et Salvioli, des cellules intermédiaires hyalines et des cellules rouges véritables.

D'autre part il est extrêmement rare, dans les anémies mégalospléniques syphilitique et rachitique de rencontrer les figures de karyokinèse dans le sang ; tandis que nous avons pu en dessiner un grand nombre dans nos deux observations personnelles (XXI et XXII) d'anémie infantile pseudo-leucémique.

Il est donc extrêmement probable que les cellules déversées dans le sang par les organes hématopoétiques continuent à s'y multiplier très activement et incessamment, comme le prouve la constatation des figures karyokinétiques, du grand nombre de cellules à noyau et surtout des cellules rouges à noyau pâle avec réticule chromatique fin, fort analogue à celui que l'on voit dans les noyaux doubles des cellules rouges en voie de division.

Est-ce là un processus tendant à produire les globules rouges légitimes ? Nous ne le croyons pas et voici pourquoi : L'observation minutieuse des cellules rouges nous a bien en effet montré des formes nucléaires intermédiaires entre les cellules rouges jeunes à gros noyau pâle et les cellules rouges vieilles à petit noyau fortement coloré ; mais nous n'avons jamais trouvé de noyaux plus petits que 3 μ ou 2 μ 5, comme il devrait en exister si cette partie de la cellule disparaissait progréssivement, pour que l'élément se transformât en globule parfait. D'autre part, jamais nous n'avons pu observer la sortie du noyau par le procédé indiqué par Rindfleisch. Enfin, la forme du corps protoplasmique des cellules rouges vieillies présente un aspect chiffonné ou des crêtes d'empreinte, d'autant plus accentués que l'élément est plus vieux, qui ne disparaîtraient pas immédiatement après la sortie ou la chromatolyse du noyau et même à priori ne feraient que s'exagérer. Nous ne voulons pas insister davantage sur cette démonstration, qui pour répondre à toutes ses exigences de la critique demanderait une place beaucoup trop considérable et nous ferait sortir des limites de notre sujet.

Nous n'avons pas porté spécialement notre attention sur l'origine probable de la leucocytose dans ces cas d'anémie infantile pseudo-leucémique. Nous voulons seulement faire remarquer qu'il faut faire une distinction entre elle et les anémies avec mégalosplénie syphilitique et rachitique, dans lesquelles, malgré une tuméfaction splénique considérable, le nombre des globules blancs est fort restreint et atteint à peine 20,000.

Un point plus important, ce nous semble, c'est la présence des globules blancs hypertrophiés dans les cas où la leucocytose devient considérable. Dans notre observation XXI il existait en effet un certain nombre de leucocytes hypertrophiés et ceux-ci devenaient très nombreux dans l'obs. XXV.

Si nous jetons un coup d'œil d'ensemble sur nos observations, il est bien évident que, depuis l'obs. XXII où la leucocytose est modérée, fort rapprochée même du taux physiologique, jusqu'à l'observation XXV, où nous atteignons des chiffres voisins de ceux de la leucocythémie, il existe tous les degrés possibles. Bien plus, à la période terminale, il n'était pas possible de différencier de la leucémie l'affection dont souffrait le petit malade de v. Jaksch. Devons-nous conclure de là que l'anémie infantile pseudo-leucémique est susceptible de se transformer en leucémie, ou, pour mieux dire, représente un degré peu avancé de cette affection ; ou bien qu'elle constitue une entité morbide spéciale ? Notre casuistique est trop peu chargée pour que nous puissions le faire, et encore nous faudrait-il ici la notion étiologique précise de la cause première, qui fait défaut pour l'affection que nous décrivons, aussi bien que pour la leucémie véritable.

Des observateurs ont récemment fait jouer à une affection bactérienne un rôle étiologique dans certaines leucocytoses. Lebert (1), en 1878, disait que nombre de faits étaient en faveur de la nature infectieuse de la leucémie. Depuis lors Klebs (2), Mac-Gillavry (3), Osterwald (4), Mayet (5) ont rapporté des faits où ils auraient vu dans le sang ou dans les organes lymphatiques des microcoques ou des spores. Ebstein (6), qui rapporte leurs opinions, dit que pour sa part il n'a rien vu de semblable. La question est pour ce moment à l'étude et à ce propos nous nous contenterons de citer les noms de Guiller-

(1) LEBERT. *V. Graëfe's Arch. f. Ophthalmologie*, Bd XXIV, H. 1, p. 312, 1878.

(2) KLEBS. *Eulenburg's Realencyclopädie der ges. Heilk.* 1e Aufl., Bd I, p. 357. Wien et Leipzig, 1880.

(3) MAC-GILLAVRY. *Weekbladet van het Nederl. Tijdschr. vor Geneesk*, n° 1, 1879, cité in *Schmidt's Jahrb.* Bd 192, p. 19, 1881.

(4) OSTERWALD. *V. Gräfe's Arch. f. Opthalmologie*, Bd XXIV, H. 3, p. 224, 1881.

(5) MAYET. Étude sur le sang leucocythémique. *Lyon médical*, LVII, n° 14, p. 524, 1888.

(6) W. EBSTEIN. Op. cit. *D. Arch. f. klin. Med.*, XLIV, 1889.

met (1), Cardarelli (2), Fede (3) et une observation récente de Lannois et G. Roux (4), qui auraient trouvé le staphylocoque pyogenes aureus. L'examen de nos préparations ne nous a rien montré d'analogue, mais nous devons indiquer ici une cause d'erreur, c'est la présence dans quelques cas très rares dans le sang de l'homme, de leucocytes contenant des grains arrondis de 0,50 à 0μ,25, qui se colorent non par l'éosine, mais par le bleu de méthylène. Or nous avons noté la fréquence de ces cellules dans les organes hématopoétiques du chien nouveau-né ; Foà et Carbone (5) les avaient d'ailleurs aussi notées et dessinées.

Par contre, nous ne croyons pas pouvoir identifier l'anémie pseudoleucémique avec ces anémies mégalospléniques, dont nous avons plus haut ébauché l'hématologie. Ces dernières se rattachent en effet à un processus bien distinct, que signent les lésions du sang et celles du foie, qui ont une étiologie connue depuis longtemps. Cependant nous devons faire remarquer que dans notre relevé historique se trouvent des faits de leucémie vraie des nourrissons, où se rencontraient des indices certains de rachitisme et de syphilis héréditaire.

On a indiqué (Golitzinsky), comme moments étiologiques de la leucémie, des troubles intestinaux permanents, indépendants de la leucémie intestinale, que nous avons relevés dans certaines de nos observations. Il nous est difficile de dire quelle est au juste leur valeur étiologique ; mais nous ne pouvons nous empêcher de rappeler leur importance extrême dans l'éclosion des lésions hématiques de l'enfant parce que nous les avons vues à elles seules provoquer l'anémie et consécutivement le passage des cellules rouges dans la circulation. Il est juste aussi de faire observer que, malgré la grande fréquence des diarrhées infantiles, l'anémie pseudo-leucémique est une affection très rare.

(1) A. Guillermet. *De l'adénie, sa nature infectieuse*, gr. in-8° Paris, 1890.

(2) A. Cardarelli. *Nosografia della pseudo-leucemia splenica (infettiva) dei bambini*, in-8°, Naples, 1890.

(3) Fede. Sull' anemia splenica infettiva dei bambini. Ricerche sperimentale e batteriologiche. *Bol. della r. Accad. di Napoli*, t. I, 8 et 9, 1890.

(4) Lannois et G. Roux. Sur un cas d'adénie infectieuse causée par le staphylocoque pyogenes aureus. *Lyon méd.*, p. 584, 24 août 1890.

(5) Foà et Carbone. Beiträge zur Histol., etc. *Ziegler's Beitr.*, Bd V, H. 2, p. 227, 1889.

Chapitre VII

Pronostic.

On voit d'après ce qui précède, que le pronostic est grave. A vrai dire cette anémie paraît susceptible de guérison, à en juger d'après une des observations de v. Jaksch ; mais il faut bien le dire, le diagnostic dans ce cas n'est pas absolument prouvé. D'autre part l'anémie pseudo-leucémique est une cause grave de débilitation dans l'organisme si délicat de l'enfant et on conçoit quelle gravité prendra dans ces circonstances toute complication intercurrente. C'est ainsi que nous avons vu la mort survenir par broncho-pneumonie dans l'obs. XXIII, par gastro-entérite infectieuse dans l'obs. XXII.

Enfin, et c'est là le point le plus important, s'il est prouvé que l'anémie pseudo-leucémique peut se terminer par leucocythémie véritable, le pronostic devra encore s'assombrir, car à ce moment il se confondra avec celui de la leucocythémie beaucoup plus grave encore chez l'enfant que chez l'adulte. Nous croyons cependant que cette transformation ne s'applique pas à la généralité des cas et qu'au moins ceux où les globules blancs seraient peu nombreux et surtout où on ne constaterait pas la présence de leucocytes hypertrophiés restent susceptibles de guérison ; car ils se rapprochent plutôt des cas d'anémie avec mégalosplénie consécutifs au rachitisme et à la syphilis héréditaire, où les lésions du sang peuvent s'amender.

Nous ne croyons pas pouvoir tirer du nombre et des formes de cellules rouges des éléments de pronostic. Elles indiquent une tendance à la réparation du sang, tendance il est vrai irrégulière ; mais qui, étant donnés les restes d'analogie des organes hématopoétiques du nouveau-né avec ceux du fœtus, est loin de présenter la même gravité que l'apparition de ces éléments dans le sang en circulation de l'adulte, où ils sont, d'après Hayem (1), l'indice d'une terminaison mortelle prochaine.

(1) Hayem. *Du Sang*, p. 386 et p. 610, Paris, 1889

TROISIÈME PARTIE

DIAGNOSTIC ET TRAITEMENT DES ANÉMIES DE LA PREMIÈRE ENFANCE

Chapitre I

Diagnostic.

L'anémie se présente chez l'enfant du premier âge sous un grand nombre d'aspects et avec une étiologie des plus variables. Si d'une part la chlorose, maladie d'évolution, ne se rencontre pas dans la période de la vie dont nous nous occupons, par contre, il existe chez l'enfant des causes multiples et puissantes d'anémie, nous voulons parler de la gastro-entérite des nouveau-nés, du rachitisme, de la syphilis héréditaire. Chez le nourrisson, comme dans la seconde enfance, comme chez l'adolescent ou l'adulte, on peut de plus trouver des anémies liées à des maladies infectieuses chroniques ou aiguës, sans parler de ces formes liées à une altération des organes lymphoïdes, qui font l'objet principal de notre étude.

Nous allons passer en revue ces différentes anémies chez le nourrisson et l'enfant du premier âge, en indiquant les caractères, qui permettent de les différencier les unes des autres, et en insistant surtout sur ceux tirés de l'examen du sang. De ces anémies, les unes s'accompagnent de tuméfaction de la rate et des organes lymphoïdes, les autres évoluent sans amener aucune modification du côté de ces organes. Il importe de séparer nettement ces deux catégories.

1° *Anémies sans mégalosplénie.* — Nous ne ferons qu'indiquer ici les anémies aiguës consécutives à une hémorrhagie, se faisant par une plaie ou une ulcération d'un organe quelconque. Ici, de même que dans les anémies aiguës consécutives aux maladies infectieuses de l'enfance, nous n'avons rien de spécial à signaler. L'anémie ne constitue d'ailleurs qu'une bien faible partie du tableau clinique et il n'y a pas lieu d'y insister.

La gastro-entérite des nouveau-nés est suivie, après une période de fausse hyperglobulie par concentration du sang (Cuffer), par le développement rapide d'un état anémique parfois considérable. C'est chez les enfants atteints de diarrhée verte infectieuse, qui ne sont pas enlevés dans les premiers jours de la maladie, chez ceux surtout qui ont eu à des intervalles rapprochés plusieurs reprises de la diarrhée, que l'on observe cette anémie. Les caractères du sang n'ont ici rien de spécial, sauf le développement d'une leucocytose légère. Mais il faut savoir que la diarrhée verte peut déterminer chez un nourrisson une chute des globules rouges, pouvant abaisser leur nombre à 926,000, avec diminution de la valeur globulaire et une leucocytose atteignant 18,900 ; en d'autres termes, donner le rapport de 1 blanc sur 50 rouges. En même temps, et M. Hayem a insisté là-dessus, cette anémie peut s'accompagner chez les tout jeunes enfants, quand l'hypoglobulie est suffisamment prononcée, de l'apparition dans le sang de cellules rouges, dont la présence est loin d'avoir ici la valeur pronostique grave qu'elle a chez l'adulte, puisque nous avons pu voir ces enfants guérir en même temps que les cellules rouges disparaissent du torrent circulatoire.

La syphilis héréditaire et le rachitisme peuvent s'accompagner, sans tuméfaction de la rate, d'anémie, ne différant de la variété précédente que par la chronicité de leur évolution, et où on peut rencontrer des cellules rouges dans le sang, si on se place dans les conditions d'âge et d'hypoglobulie que nous venons de signaler. La présence des cellules rouges n'a pas non plus ici de valeur pronostique grave.

Nos études n'ont pas porté sur la tuberculose infantile, il est probable cependant qu'il n'y a pas lieu de faire là une distinction et que les lésions du sang sont identiques.

Nous avons examiné un seul cas de cancer chez l'enfant du premier âge. Il s'agissait d'un cancer du rein, s'accompagnant d'une anémie modérée, sans passage de cellules rouges dans la circulation.

Il est encore douteux que l'anémie pernicieuse, indépendante de l'helminthiase puisse se rencontrer chez l'enfant du premier âge. A vrai dire, il a été publié sous ce titre différentes observations, qui ne sont rien moins que concluantes. On doit dans tous les cas douteux d'anémie intense, s'assurer au moins de l'absence des œufs d'helminthes dans les garde-robes, et ne porter qu'avec les plus grandes réserves le diagnostic d'anémie pernicieuse, car la tuberculose, la syphilis, un cancer, etc., peuvent s'accompagner d'une anémie intense, sans se manifester encore par des signes indubitables. Disons en outre que la présence d'hémorrhagies rétiniennes ne prouve pas l'anémie pernicieuse, pas plus que la poïkilocytose, qui d'après M. Hayem, se rencontre dans toutes les anémies chroniques intenses.

2° Dans une autre série de cas, l'anémie marche de pair avec la *mégalosplénie et des tuméfactions ganglionnaires multiples.* C'est dans ces cas seulement que les altérations du sang prennent une importance telle, qu'au point de vue du diagnostic, il faut les mettre au premier rang.

Nous éliminerons tout d'abord certains cas de cirrhose hépatique avec mégalosplénie, que l'on rencontre chez l'enfant et qui ne s'accompagnent que d'une anémie modérée, sans trace de leucocytose et sans passage de cellules rouges dans la circulation. Ces cas, peu connus d'ailleurs, n'appartiennent pas aux nourrissons. Leur diagnostic est facile.

Dans les cas de syphilis héréditaire avec mégalosplénie, il existe une anémie pouvant atteindre le troisième degré d'Hayem (anémie grave) ; les hématoblastes sont diminués de nombre, de plus, on trouve une leucocytose modérée dépassant rarement 20,000, mais pouvant cependant le faire. En même temps et plus facilement que dans les anémies sans mégalosplénie, il peut passer quelques cellules rouges dans le sang. La plupart de celles-ci sont petites, chiffonnées, avec un petit noyau rond. Quelques-unes, rares, présentent des formes nucléaires jeunes, des noyaux doubles et très exceptionnellement des figures de mitose. On constate en outre les signes ordinaires de l'infection syphilitique passée ou en pleine évolution. Quand l'enfant guérit, l'anémie persiste encore quelque temps et les cellules rouges diminuent progressivement de nombre.

L'anémie, qui accompagne le rachitisme, ressemble beaucoup à l'anémie de la syphilis héréditaire sous le rapport des lésions anatomiques du sang. Les cellules rouges paraissent ne se rencontrer que dans la période de destruction du sang, laquelle accompagne la décalcification des os et l'établissement des déformations osseuses.

Il est douteux que ces deux formes d'anémie puissent arriver à se transformer en leucocythémie vraie. Cependant nous devons dire que beaucoup d'auteurs font jouer à la syphilis et au rachitisme un rôle dans l'étiologie de la leucocythémie.

Nous ne pouvons ici rien affirmer au sujet de l'anémie accompagnant les cas de tuberculose, où il existe une tuméfaction splénique par lésion tuberculeuse de cet organe. Et nous n'avons pas eu l'occasion d'observer des cas d'impaludisme chronique chez l'enfant, ni de rate amyloïde.

Nous voulons insister davantage sur le diagnostic de l'anémie infantile pseudo-leucémique. Dans les cas tranchés, il est facile de la différencier, même par le seul examen du sang, d'une part des anémies syphilitique et rachitique, de l'autre, de la leucocythémie vraie et de l'adénie. Quand, chez un enfant devenu pâle d'une façon progressive, sans cause connue, on constate la présence d'une tuméfaction considérable et chronique de la rate, quand, d'autre part, on peut éliminer la syphilis héréditaire, le rachitisme, l'impaludisme et la tuberculose, on ne peut plus penser qu'à trois choses : l'adénie, la leucocythémie et l'anémie infantile pseudo-leucémique.

L'adénie s'accompagne d'une tuméfaction considérable des différents groupes de ganglions. Cette tuméfaction est progressive et, chez le nourrisson et l'enfant du premier âge, elle envahit rapidement tous les groupes ganglionnaires. Elle s'accompagne donc d'un symptôme particulier parfaitement appréciable et qui fait défaut dans l'anémie pseudo-leucémique du nourrisson. Chez celui-ci on peut bien, à vrai dire, trouver une adénopathie ; mais, ou bien elle est légère et ne diffère pas de ces tuméfactions ganglionnaires si fréquentes chez l'enfant et qu'on peut rattacher à des lésions cutanées, ou bien elle peut acquérir plus d'importance (obs. XXV), mais alors elle est tardive et n'acquiert jamais le développement qu'on rencontre dans l'adénie. De plus, l'adénie ne s'accompagne pas d'une leucocytose comparable même de loin à celle de l'anémie pseudo-leucémique. M. Hayem a rencontré à la période cachectique de l'adénie un chiffre de leucocytes atteignant seulement 10,230. Au début, dit-il, le sang est parfaitement normal.

La leucémie infantile se caractérise par une augmentatiou du nombre des globules blancs. Le plus souvent cette augmentation est modérée (Golitzinski); cependant il existe de rares cas où les globules blancs étaient fortement augmentés jusqu'à 1 pour 6 (Mosler) et même 2 pour 1 (Ch. Robin). Il faut bien dire qu'on ne rencontre guère ces chiffres qu'au-dessus de deux ans. D'après M. Hayem (l. c., p. 1021), un nombre de 70,000 blancs permettrait chez l'adulte d'affirmer le diagnostic, si on élimine le cancer, et la présence des cellules rouges serait encore un appoint au diagnostic.

Nous ne pouvons pas être aussi affirmatif que notre maître, quant à la valeur des cellules rouges, du moins en ce qui concerne le nourrisson; mais, d'après nos observations personnelles, nous ferons remarquer que, les anémies infantiles pseudo-leucémiques ne s'accompagnant pas des lésions viscérales de la leucocythémie, nous ne pouvons les ranger dans le cadre de la leucémie vraie. Nous croyons donc nécessaire de conserver cette distinction et de dire que, si certaines particularités d'évolution rapprochent l'anémie pseudo-leucémique de la leucémie, il faut néanmoins considérer à part les cas où la leucocytose ne dépasse pas 50,000 à 60,000 et ceux où elle dépasse 100,000 blancs. Dans les premiers, il paraît possible d'espérer la guérison; dans les seconds, nous sommes en présence d'une maladie grave, plus grave même que chez l'adulte, puisqu'elle détermine la mort dans un temps plus court. Nous ne pouvons rien ajouter au sujet de la valeur diagnostique des cellules rouges, comme caractère différentiel de l'anémie pseudo-leucémique; car nous n'avons pas eu l'occasion d'étudier à ce point de vue des leucémies infantiles et que, dans les cas que nous avons relevés, il n'est pas fait mention de ces éléments, ou bien d'une façon très imparfaite, pour qu'on puisse en tirer des conclusions. En effet la présence des cellules rouges dans le sang du nourrisson et du petit enfant anémiques n'est qu'un phénomène banal, si on ne constate pas les indices d'une multiplication active de ces cellules dans le sang, ou d'une superproduction de ces éléments dans les organes hématopoétiques.

Nous admettrons donc qu'en l'absence de tout signe d'infarctus blanc (épistaxis, lésions cutanées, infarctus rétiniens), de toute modification évidemment néoplasique des ganglions lymphatiques, l'enfant anémique et mégalosplénique, dont le sang présente une hypoglobulie grave, une leucocytose modérée, des cellules rouges nombreuses et dont les noyaux indiquent une multiplication active, est atteint d'anémie pseudo-leucémique. Les leucocytes augmentent-ils progressivement de nombre, survient-il des épistaxis, des pétéchies, des lésions ganglionnaires graves, nous pensons que l'anémie pseudo-leucémique aggravée s'est transformée en leucocythémie, ou plutôt que la forme bénigne de la leucémie, représentée par l'anémie que nous décrivons, est devenue la forme maligne de la même affection. Car, à la limite, il n'existe ni anatomiquement, ni cliniquement de différences essentielles entre les deux maladies.

Chapitre II

Traitement.

Nous avons peu de choses à dire du traitement des anémies infantiles en général. Il faut cependant distinguer soigneusement les anémies secondaires aux maladies infectieuses et aiguës (parmi lesquelles nous croyons devoir ranger la gastro-entérite des nouveau-nés), qui une fois la maladie causale terminée, tendent naturellement à la guérison, et les anémies secondaires à la syphilis, au rachitisme. Ici un traitement actif approprié est de toute nécessité.

Le traitement antisyphilitique doit être réservé aux formes d'anémie, où il existe des manifestations cutanées de la diathèse. Il n'agit pas d'ailleurs sur le sang; mais il se borne à empêcher une aggravation de l'infection, cause provocatrice directe de l'anémie. Il ne semble pas d'autre part que le traitement mixte soit susceptible de faire diminuer le volume de la rate.

Nous devons confondre le traitemant des diverses formes d'anémie infantile où il existe une tuméfaction de la rate ou des ganglions lymphatiques; bien que l'étiologie soit différente, il semble en effet que l'on ait obtenu de bons résultats de certains médicaments dans toutes les tuméfactions chroniques de la rate, quelle que soit d'ailleurs leur cause. Nous ne voulons pas en faire une revue complète, mais seulement indiquer certains médicaments et procédés de valeur, qui ont été tour à tour employés et abandonnés, mais dont malheureusement les indications ne sont pas nettement formulées.

Le fer ne paraît pas avoir donné dans ces formes d'anémie les résultats qu'on en a obtenu dans différentes anémies de l'adulte. Dans la leucémie en particulier, son action s'est toujours trouvée nulle, au dire de Mosler (1). Cependant il peut être donné sans inconvénients, et chez l'enfant c'est surtout au sirop d'iodure de fer que l'on peut avoir recours.

La quinine à hautes doses est recommandée surtout dans les tuméfactions spléniques d'origine paludique (Mosler (2), Birch-Hirschfeld) (3). Henoch (4) conseille de lui adjoindre les préparations martiales. Le traitement doit être longtemps prolongé. Si on peut admettre dans les tuméfactions spléniques d'origine palustre une action spécifique du médicament, il ne saurait en être ainsi dans tous les cas; puisque v. Jaksch (5) sur une fillette de 11 mois et Friedrich (6) sur un garçon de 6 mois, atteints tous deux de tuméfaction splénique sans rapports avec l'impaludisme, ont obtenu une diminution considérable de la tuméfaction. On a admis dans ce cas une action directe d'excitation de la quinine sur les fibres musculaires lisses de la rate (Siebert), un arrêt de la production des cellules blanches (Binz). Nous n'avons pas à discuter ici cette action.

Binz, Mosler (7) recommandent, comme agissant dans le même sens que la quinine, la teinture d'eucalyptus ; mais ce médicament doit être réservé surtout aux cas rebelles dus à l'impaludisme.

L'arsenic est employé comme adjuvant dans la fièvre intermittente.

(1) Mosler. Art. Leukämie, in *Ziemssen's Hndbch der spec. Path. u. Ther.*, 2e éd. Bd VIII, H. 2, p. 196, Leipzig, 1878.

(2) Mosler. Art. Therapie der Milzkrankheiten, in *Ziemssen's Hndbch der spec. Path. u. Ther.*, 2e éd. Bd VIII, H. 2, p. 61. Leipzig, 1878.

(3) Birch-Hirschfeld. Art. Milztumor, in *Gerhardt's Hndbch.*

(4) Henoch. Leucémie, in *Leçons cliniques sur les mal. des enfants*, p. 454.

(5) v. Jaksch. Cité par Mosler.

(6) Friedrich. Ueb. chron. Milztumor bei Kindern. *Deuts. Klinik*, nos 20 et 22, 1856.

(7) Mosler. *D. Arch. f. kl. Med.*, Bd X, 164.

Utile dans l'anémie pernicieuse, il s'est montré sans effets dans l'obs. XXV, à la dose de 1/2 milligramme par jour. Nous ne pouvons rien déduire de nos obs. XXI et XXII, où il a été employé, parce que dans l'une l'enfant a été soustrait à notre examen et dans l'autre des complications graves ont amené une mort rapide.

Le phosphore a donné de bons résultats dans la leucémie entre les mains de Wilson Fox, Moxon, Greenfield, Jenner, Gowers, Goodhart. De la discussion qui eut lieu en 1876 à la Société de clinique de Londres, il résulte que ce médicament n'est nullement spécifique de la leucémie ; mais a paru avoir quelques effets favorables dans quelques cas de lymphadénome et d'anémie essentielle. Nous l'avons donné à la dose de 1/2 à 1 milligramme, avec un résultat en apparence favorable dans notre observation de rachitisme avec mégalosplénie et anémie, XIX.

Nous ne pouvons rien dire de personnel sur l'emploi de l'eau froide et sur la galvanisation de la rate. Nous renvoyons à ce sujet aux traités classiques.

A un point de vue plus spécial, il est évident qu'à l'heure actuelle le traitement de l'anémie infantile pseudo-leucémique ne saurait être distrait de celui de la leucocythémie. Il devra d'autant moins être négligé que son pronostic paraît être moins grave que celui de cette dernière affection. Nous n'avons pas ici à parler de prophylaxie, l'étiologie de l'affection étant aussi obscure que celle de la leucocythémie. Il ne faudra pas négliger les complications et principalement la diarrhée ; car, si d'une part celle-ci peut à elle seule entraîner la mort, il est possible qu'elle ne soit pas pour rien dans le développement de la maladie. Elle pourrait donc aggraver la lésion splénique, si elle est susceptible de la produire ; en outre, et bien certainement, elle ajoute à l'anémie déjà existante, ce qui ne saurait être indifférent en présence d'une anémie très prononcée, touchant presque aux anémies extrêmes.

CONCLUSIONS

I. — L'étude anatomique du sang, du suc des organes hématopoétiques, des coupes du foie, de la rate et de la moelle des os, faite chez des animaux nouveau-nés et des fœtus humains, nous a montré que tous ces organes fabriquent des cellules rouges par un seul et même procédé : c'est-à-dire aux dépens de grandes cellules à noyau polymorphe, qui se segmentent en petites cellules hyalines, lesquelles se déversent dans des sinus sanguins sans parois propres, où elles achèvent leur évolution en se chargeant d'hémoglobine et où elles subissent une multiplication par karyokinèse.

II. — Les cellules rouges passent comme telles dans le torrent circulatoire et ne s'y transforment pas en globules rouges discoïdes.

III. — Les anémies du nourrisson provoquent facilement, en ranimant l'état fœtal des organes hématopoétiques, le passage des cellules rouges dans le sang en circulation.

IV. — Une lésion macroscopique des organes hématopoétiques, dont la plus appréciable est l'hypertrophie de la rate, facilite grandement ce passage.

V. — Il existe d'autre part une maladie du nourrisson, spéciale à cet âge, voisine de la leucocythémie, sinon identique avec elle, à laquelle nous donnons avec v. Jaksch le nom d'anémie infantile pseudo-leucémique, où l'on observe l'association de l'anémie avec une tuméfaction de la rate, une leucocytose modérée et la présence dans le sang d'un grand nombre de cellules rouges, dont beaucoup présentent des phénomènes de karyokinèse.

VI. — Dans cette maladie on observe un retour à l'état fœtal de la fonction des organes hématopoétiques. Cette réviviscence peut s'étendre au foie, hématopoétique dans les premiers mois de la vie, et c'est là un fait spécial à cette forme morbide. C'est la moelle des os qui fournit la majeure partie des cellules rouges que l'on trouve dans le sang.

VII. — Il se fait probablement aussi dans ce syndrome morbide une multiplication des cellules rouges dans le sang lui-même. Cette multiplication se fait par karyokinèse, par le même processus que les cellules rouges se multiplient dans les sinus sanguins des organes hématopoétiques fœtaux et en particulier du foie fœtal.

VIII. — Cette anémie peut d'une part arriver à la guérison, d'autre part elle peut, après avoir amené une augmentation progressive du nombre des globules blancs, se transformer en leucémie. Elle prend alors la gravité et la rapidité d'évolution, qui caractérisent cette maladie chez les enfants.

IX. — L'examen histologique clinique du sang permet de différencier cette forme d'anémie des autres hypoglobulies infantiles avec mégalosplénie. L'absence de lésions ganglionnaires et de leucocytose atteignant 100,000 blancs, la distingue des formes pures de la leucocythémie.

X. — L'existence de formes intermédiaires entre l'anémie infantile pseudo-leucémique vraie et la leucémie vraie plaide, comme certains de ses modes de terminaison, en faveur de l'identité de nature de ces deux maladies ; mais celle-ci ne peut être prouvée en l'absence de la notion étiologique prochaine, qui fait défaut aussi bien pour l'une que pour l'autre.

XI. — Le traitement doit, jusqu'à nouvel ordre, se confondre avec celui de la leucémie vraie.

OBSERVATIONS

1° OBSERVATIONS ANATOMIQUES

A. — Recherches sur les animaux.

a) *Fœtus de mouton.*

MOUTON 1. — 160 millim. de long. Numérations : Voir dans le texte.

Préparations sèches. Foie. Globules rouges nombreux. Blancs pour la plupart à très gros noyau, réseau chromatique peu net, quelques-uns à protoplasma mince se colorant plus que le noyau. Cellules rouges la plupart à noyau rond et protoplasma très chargé d'hémoglobine, surtout les cellules à noyau trifolié. On rencontre aussi des cellules rouges à peine teintées d'hémoglobine. Elles sont nombreuses et il existe des intermédiaires entre elles et les vraies cellules rouges, non avec les leucocytes. Très rares formes cinétiques dans les deux sortes de cellules.

Rate. Rares éléments du sang. Cellules rouges relativement nombreuses et toutes très colorées. Pas de karyokinèses.

Coupes. Foie. (oc. 1, obj. 1. Leitz × 25 D.). Absence de lobulation. Semis d'un grand nombre de petits noyaux. (oc. 1, obj. 4, Leitz × 75 D.). Espaces portes à peine ébauchés, marqués par une bande conjonctive périportale. Les noyaux ronds se rassemblent par places en amas de 18 à 30 μ, séparés par des espaces de 40 μ. Dans ceux-ci on distingue des cellules hépatiques à gros noyaux clairs et des cellules hématopoétiques à noyaux polymorphes.

(Oc. 1, obj. 7 et 1/12. Leitz, × 350 et 525 D.). 1° Rien de spécial aux espaces portes, ni aux veines sus-hépatiques ; 2° Les cellules hépatiques ont un protoplasma granuleux mal limité et un noyau rond de 4 à 6 μ, à réticule chromatique lâche, fin, et à gros points nodaux ; 3° Grandes cellules hématopoétiques, forment de place en place entre les cellules hépatiques de grands corps protoplasmiques irréguliers, à angles saillants, mesurant 11 à 15 μ. Protoplasma hyalin ou finement granuleux ; noyau de forme très variable, quelquefois arrondi, le plus souvent bosselé, ou formé de bourgeons entassés ou accolés en chapelet recourbé sur lui-même. Quelquefois il s'égrène en spérules à ses extrémités. Le réticule chromatique est à mailles irrégulières, mal dessinées, serrées et allongées dans le sens du grand axe. Il est toujours facile de les différencier des cellules hépatiques, qui les entourent directement ou par l'intermédaire d'une couronne de petites cellules. Quelques-unes baignent dans des lacunes sanguines par la presque totalité de leur périphérie ; 4° Petites cellules hyalines. Très nombreuses. Formées d'un protoplasma hyalin, à limites tantôt franches, tantôt indistinctes. Chaque cellule possède un noyau rond ou ovalaire très coloré, sans réticule distinct, plus petit que celui des cellules hépatiques et à peu près de même volume que les spérules de bourgeonnement du noyau des grandes cellules ; 5° Capillaires. Dans beaucoup d'endroits ils ne paraissent pas limités par une paroi propre. J'ai pu noter des endroits où le sang s'infiltre entre les cellules polyédriques des amas. Ce sont probablement elles que l'on retrouve sans hémoglobine dans les préparations sèches.

Mouton 2. — 105 millim. de long. Numération (Voir le texte). Préparation sèches entièrement comparables à mouton 1. Coupes. Foie : analogue à celui du mouton 1 ; mais la pièce est un peu altérée, en sorte qu'il ne mérite pas une description détaillée.

Mouton 3. — Préparations sèches. Veine jugulaire. Globules inégaux. Cellules rouges très nombreuses, la plupart à un seul noyau rond, trèfles rares, pas de kinèses. Leucocytes rares : variétés hyalines avec ou sans noyau différencié. Sang du foie. Préparation altérée. Grand nombre de cellules rouges et de globules blancs à noyau pâle et protoplasma mince. Quelques-uns ont protoplasma plus foncé que noyau.

b) Chien nouveau-né.

Les animaux sont restés 2 jours sans manger. Au moment de les sacrifier ils sont froids et peu vifs.

Chiens 1 et 2. — Coupes du foie. (Chien 2 injecté). (oc. 1, obj. Leitz, × 25 D.). Ebauche de lobulation normale. (oc. 1, obj. 4. L. × 75 D.). Amas de petits noyaux ronds foncés, entre les travées dans toute la couche.

Çà et là gros éléments polygonanx, bien différents d'aspect des cellules hépatiques (oc. 1, obj. 1/12, L. × 525 D.). Rien de spécial pour les cellules hépatiques, les vaisseaux, le tissu conjonctif des espaces portes. Deux sortes d'éléments hématopoétiques : 1° Grandes cellules. Corps protoplasmique sans exoplasme distinct, finement granuleux, noyau de forme variable, constitué par un boudin irrégulier, contourné en C, en S, en couronne, souvent divisé en segments ovalaires. Quelquefois d'un point central partent 3 à 4 boudins rayonnants, qui ensuite pour devenir parallèles s'incurvent. Réticule chromatique, fin, serré, irrégulier, à mailles allongées dans le sens de l'axe de la cellule. Quelques noyaux diffusés avec un épaississement latéral, semi-lunaire de la chromatine. Quelques noyaux mûriformes, pas de karyokinèses ; 2° Petites cellules. Forment des amas de grandeurs variables, isolés les uns des autres. Corps cellulaire hyalin, incolore, homogène, sans exoplasme, limité ou non. Noyau rond, unique, foncé, à réticule indistinct. Pas de karyokinèses. Grandes cellules ou amas se creusent une logette dans les travées voisines (une fois il m'a paru exister un endothélium sur les parois de cette loge). Certains amas sont traversés par un fin capillaire, ou bien par une pointe capillaire. L'existence de lacunes sanguines est discutable. Dimensions des éléments, cellule hépatique 10 à 17 μ, noyau 5 μ ; grandes cellules hématop. 12 μ 5 à 32 μ 25, noyau 7 μ 5 à 17 μ 15. Petites cellules 4 à 6 μ, noyau 3,5 à 2,5 μ.

Chien 3. — Numérations (Voir le texte). — Préparations sèches, sang de l'oreille. Gl. rouges très altérables. Variétés de diamètres et de colorations, beaucoup de gl. nains, 4 μ. Cellules rouges très rares, peu colorées à noyau unique pâle. Gl. blancs, deux variétés : 1° gros noyau avec réticule peu distinct, pâle, protoplasma mince ; 2° globules à noyau segmenté. Ceux-ci contiennent 3 à 4 grains réfringents incolores, qui ne prennent pas le bleu de méthylène.

Sang du foie : Cellules rouges rares, moins que dans le sang de l'oreille, un noyau rond, petit, rarement noyau moyen, très rarement deux noyaux. Pas de noyaux palmés, ni cinétiques. Leucocytes un peu plus nombreux que dans le sang de l'oreille : noyaux diffusés et pâles dominent, quelques noyaux segmentés, quelques leucocytes de Semmer véritables.

Sang de la moelle des os : Hématies nombreuses. Leucocytes la plupart à noyau diffusé et pâle, volumineux. Cellules rouges plus nombreuses que dans foie et surtout cœur. Beaucoup de noyaux ronds, uniques, petits et moyens, doubles, rares, triples, très rares, pas de kinèses. Nombreux éléments de la moelle, entre autres cellules ressemblant à des leucocytes de Semmer, mais dont les grains se colorent fortement par le bleu de méthylène.

c) — *Chat nouveau-né.*

Chat 1. — Préparations sèches. — Sang de la patte. Poïkilocytose, variétés de diamètres et de colorations. Cellules rouges toutes à un noyau rond, très coloré, corps cellulaire chiffonné. Hématoblastes nombreux. Leucocytes petits à corps cellulaire mince ; autres variétés très rares.

Chat 2. — Sang de la patte en préparations séches, mêmes caractères que précédemment. Très peu d'hématoblastes.

Chat 3. — Préparations sèches. Sang de la patte, comme chat 1, sauf leucocytes dont les formes à noyau segmenté sont plus fréquentes.

Coupes. — A. Rate. Coloration vert de méthyle et éosine. Très peu de grandes cellules à noyau polymorphe, ce qui coïncide avec rareté des cellules rouges dans le sang de la rate. Elles ont le même caractère que dans la moelle des os. Nous n'avons pu déterminer leurs rapports avec les vaisseaux.

B. Moelle des os. Coloration éosine et vert méthyle (oc. 1, obj. 1/12 homog. Leitz, × 600 D.). La moelle est formée de cellules polyédriques de 7 à 10 μ. Çà et là grandes cellules à noyau polymorphe : 1° Les petites cellules de 10 μ, sont formées d'un protoplasma hyalin, renferment un noyau rond ou ovale, relativement gros, jamais cinétique. Pas de leucocytes de Semmer; 2° Grandes cellules nombreuses, formées de protoplasma polyédrique à angles mousses, 12 μ, sur 19. Avec diaphragme fin, on voit à la périphérie une couche plus réfringente, exoplasme ou anneau de tissu conjonctif. Jamais de bourgeons périphériques de Malassez. Noyau 8 à 10 μ, unique mamelonné, ou fer à cheval, ou couronne, ou diffusé. Réticule nucléaire irrégulier peu distinct; 3° Tissu conjonctif et vaisseaux rien de spécial. Faute d'injection, je n'ai pu établir les rapports des grandes cellules avec les vaisseaux.

Chat 4. — Préparations sèches. Sang de l'oreille. Globules rouges un peu inégaux. Hématoblastes nombreux, volumineux. Cellules rouges très rares à un seul noyau rond de volume variable. Leucocytes rares; prédominance des noyaux foncés avec mince protoplasma; quelques noyaux diffusés et différenciés pâles; assez grand nombre de noyaux segmentés. Sang du foie : Globules rouges rien. Cellules rouges, plus nombreuses, petit noyau, pas de kinèses. Leucocytes ut suprà. Sang de la rate : Globules rouges et cellules rouges plus nombreuses que dans le cœur, moins que dans le foie. Leucocytes ut suprà.

Chat 5. — Préparations sèches. Sang de l'oreille en tout semblable à chat 4. Sang du foie : globules rouges et blancs, rien de spécial. Cellules rouges plus nombreuses et plus volumineuses que dans le sang de l'oreille, pas de kinèses.

Chat 6. — Coupes du foie injecté (oc. 1, obj. 1, Leitz × 254). Absence de lobulation normale. Coupe divisée en mailles de 36 à 48 μ, plus petites que le lobule normal (oc. 1, obj. 4, Leitz × 75 D.). On note deux sortes de noyaux, les uns pâles (cellules hépatiques), les autres foncés petits, dont l'accumulation cause la réticulation de la coupe déjà signalée. Nous passons sur les noyaux ovalaires du tissu conjonctif (oc. 1, obj. 7, E. Zeiss, 1/12 Leitz × 325, 500 et 525 D.). Gros vaisseaux hépatiques, rien de spécial.

Éléments hématopoétiques : 1° Grandes cellules à noyau polymorphe. Rares, protoplasma homogène, très finement granuleux, légèrement éosinophile, mesure 22 μ. Pas d'exoplasme, ni crêtes d'empreintes. Noyau 15 μ sur 12, boudin allongé, 3 à 4 μ de larguer, segments de 5 à 7 μ, quelquefois isolés. Quelques couronnes. Réseau chromatique peu distinct, mailles allongées, irrégulières, pas de nucléole. Ces éléments avoisinent un capillaire ou une pointe vasculaire. Répondent d'autre part aux travées de cellules hépatiques ; 2° Petites cellules polyédriques. Amas toujours en rappport avec des vaisseaux, qui les pénètrent. Dans les petits amas, les noyaux sont plus gros que dans les grands ; 3 à 4 μ dans les petits, 2 μ 5 dans les grands. Corps cellulaire mince, hyalin, incolore, bien limité, polyédrique irrégulier. Noyau à coloration intense. Réseau chromatique difficile à voir (oc. 5, obj. 1/2 L. × 1,400 D.), formé de grosses fibrilles très rapprochées.

Capillaires ont ordinairement paroi propre, mais dans les amas on voit de fins capillaires injectés, dont il est impossible de dire s'ils ont ou non une paroi propre.

Chat 7. — Numérations : voir le texte.

Coupe d'un ganglion mésentérique. Poids 28 centig. Pas une seule grande cellule à noyau polymorphe. Il n'existe que des cellules blanches en tout semblables à celles que l'on voit dans les ganglions lymphatiques normaux.

B. — Recherches sur les fœtus humains.

(*Liste des fœtus donnée dans le texte.*)

Fœtus 1. (4 mois 1/3). — Préparations sèches. Sang du cœur. Inégalité des hématies, rares poïkilocytes, hématoblastes nombreux. Cellules rouges rares, noyau sphérique unique, petit ou moyen, pas de kinèses. Leucocytes rares, noyaux fortement colorés fréquents, rares noyaux diffusés, noyaux différenciés pâles, en boudin ou lobés ; rares, segmentés. Pas de Semmer.

Pulpe du foie : Cellules rouges abondantes, beaucoup plus que dans rate et cœur. Noyaux généralement uniques, ronds, petits, moyens et gros, quelques-uns avec globule polaire. Noyaux doubles assez nombreux trèfles rares ; pas de kinèses. Dans 2/3 des cellules charge hémoglobique moyenne, dans les autres l'hémoglobine semble faire défaut (coloration bleue). Intermédiaires entre celles-ci et les cellules rouges ordinaires, pas avec les globules blancs. Ceux-ci sont de toutes les variétés, mais les petits noyaux très colorés dominent. Rares Semmer volumineux.

Pulpe de la rate : Cellules rouges rares, mais plus nombreuses que dans le cœur. Prédominance des noyaux ronds uniques de tous diamètres, rares noyaux doubles, trèfles, pas de kinèses. Pas de grandes cellules à noyau polymorphe. Leucocytes non différenciables des cellules de la moelle. Pas de Semmer.

Coupes. — Foie : (× 25 D.). Absence de la lobulation normale, séries de noyaux se rassemblant par places en amas plus compacts. (× 75 D.)

Les amas ou les traînées qui parcourent la coupe limitent des espaces où on peut distinguer des cellules hépatiques de 15 μ, avec noyau de 6 à 7 μ, ne présentant rien de spécial.

Éléments hématopoétiques : A. Grandes cellules à noyau polymorphe. Relativement abondantes. Corps protoplasmique de 15 μ, noyau de 7 à 12 μ. Protoplasma un peu éosinophile, plus finement granuleux que celui des cellules hépatiques. Noyau rarement en couronne, le plus souvent en boudin, qui est ordinairement segmenté par des incisures en parties de 3 à 5 μ de long. Quelquefois karyokinèses très compliquées (diaster 20, 25 lobes en massue). Quelques-unes de ces cellules atteignent des dimensions gigantesques (protoplasma 53 μ sur 10, noyau 19 μ sur 8,5) situées dans espace vide avec globules rouges. Le picro-carmin colore mal ces éléments.

B. Petites cellules polyédriques. Constituent les amas sus-indiqués. Protoplasma hyalin, incolore, polyédrique, peu éosinophile, 4 μ 5 à 5 μ. Noyau de 3 à 5 μ. Réticule serré, pas de kinèses. Sont presque toujours en rapport avec des espaces sanguins. Tantôt capillaire à paroi propre, tantôt absence de paroi, alors cavité bordée de 1 à 2 rangs de cellules hyalines.

C. On voit en outre des cellules à grains éosinophiles de 7 à 8 μ, avec noyau ovalaire de 2 μ 5 sur 5 μ. Ces éléments sont ou bien libres dans l'intérieur des vaisseaux, ou bien mélangés aux petites cellules des amas.

Foetus 2 (6 mois). — Préparations sèches. Foie. Grand nombre de noyaux semblables à ceux décrits dans les coupes, quelques cellules rouges peu reconnaissables. Moelle des os : Cellules rouges un peu plus nombreuses que dans le sang du foie.

Foetus 3 (6 mois). — Préparations de foie inutilisables à cause de l'altération des éléments.

Foetus 4 (3 mois). — Préparations sèches. Sang du cœur. Hématies inégales. Cellules rouges rares, noyau unique, arrondi. Assez nombreux leucocytes à petit noyau très coloré et mince protoplasma, moins nombreux noyaux diffusés et différenciés pâles. Très rares segmentés. Peu d'hématoblastes. Sang du foie : Globules rouges, rien de spécial. Cellules rouges un peu plus nombreuses que dans la moelle (noyaux foncés et pâles, trèfles, doubles, un diaster). Leucocytes : Petit noyau foncé, gros noyau pâle, rares segmentés. Moelle des os : Cellules rouges assez nombreuses, un seul noyau foncé. Par bleu de méthylène et acide chromique, le corps cellulaire se teint, non en vert, mais en violet pâle. Pas de kinèses. Quelques Semmer.

Coupes. — Foie (× 75 D.). Absence de lobulation normale, amas de petites cellules donnent une sorte de réticulation dans les mailles de laquelle on voit les cellules hépatiques. (× 525 D.) Rien de spécial pour espaces portes, veines sus-hépatiques, cellules hépatiques. Capillaires limités par paroi propre. Éléments hématopoétiques sont : A. Petites cellules hyalines. Forment des amas de 54 μ, séparés par des espaces de 27 μ. Protoplasma homogène, hyalin, incolore, sans élection colorante, 5 à 7 μ. Noyau très coloré, réticule serré, arrondi, 3 μ, 5 à 5 μ. Limites cellulaires souvent invisibles. Rapports avec les vaisseaux peu distincts ; en un point les cellules polyédriques formaient une double couronne complète autour de la lumière du vaisseau. — B. Grandes cellules à noyau polymorphe Rares, anguleux, finement granuleux, 17 μ. Noyau lobé de 8 à 12 μ bourgeonnant ou même divisé en noyaux secondaires, de volume semblable à ceux des éléments polyédriques voisins. Rapports avec les vaisseaux indéterminés, se creusent une logette cupuliforme dans les travées hépatiques.

Fœtus 5 (2 mois 1/2). — Numérations : voir le texte.

Préparations sèches : Sang du cœur. Hématies inégales. Pas de poïkilocytes. Hématoblastes rares. Cellules rouges : noyaux uniques nombreux, deux noyaux rares, pas de trèfles, pas de kinèses. Leucocytes : quelques-uns petits (plusieurs mesurent 2 μ, 5), nombreux noyaux diffusés, quelques différenciés et palmés, très rares segmentés. Foie : Cellules rouges très nombreuses et de toutes formes ; fréquentes à 1 et 2 noyaux. Rares trèfles, rares globules polaires associés à noyau rond. Quelques cellules à noyaux multiples, une kinèse. En somme preuves nombreuses d'activité hématopoétique. Leucocytes variétés à petits noyau et noyau diffusé dominent. Rate : Cellules rouges plus rares que dans le foie et de mêmes variétés. Activité hématopoétique moins intense que dans le foie.

Coupes. — Foie (× 75 D.). Cellules hépatiques, rien de spécial. — A. Petites cellules polyédriques nombreuses, 5 à μ, noyau volumineux, foncé, arrondi, 3 à 5 μ. Disséminées sans ordre partout, mais amas compacts par places. — B. Grandes cellules : difficiles à voir, peu nombreuses. Noyau très peu compliqué (boudin droit, C, fer à cheval, mamelonné) dans corps cellulaire hyalin. L'injection ayant fusé, on ne peut étudier leurs rapports avec les vaisseaux. D'ailleurs les petites et grandes cellules ont des dimensions comparables à celles des autres foies fœtaux.

Fœtus 6 (7 mois. 1/2). — Préparations sèches. Sang du foie : Cellules rouges plus rares que dans la moelle du fœtus 4, noyaux un peu plus volumineux que chez ce dernier.

Fœtus 7 (9 mois). Coupes. — Foie : Provient d'un fœtus mort de purpura infectieux congénital (voy. Hanot et Luzet). *Arch. de méd. expér.*, n° de nov. 1890). Le foie pesant 100 gr. A un faible grossissement : lobulation non apparente, absence de sclérose. A de forts grossissements : les noyaux des cellules hépatiques ne prennent pas la coloration (1), tandis que ceux qui occupent l'intérieur du vaisseau se colorant bien. Pas de cellules hématopoétiques d'aucun des deux ordres.

Fœtus 8 (3 mois 1/2). — Préparations sèches (provenant de la collec- de M. Hayem).

Sang du cœur : Hématies inégales, très rares poïkilocytes. Cellules rouges nombreuses, la plupart à un noyau rond, fortement coloré. Nombre égal de noyaux petits, moyens et gros. Nombreux noyaux doubles, très peu de trèfles, pas de kinèses. Un certain nombre de cellules rouges n'ont pas la teinte verte caractéristique de l'hémoglobine, ce sont des éléments volumineux et moyens. Les préparations avaient été faites trop longtemps après la mort pour que les hématoblastes fussent conservés. Leucocytes : prédominance des noyaux diffusés ; puis viennent les petits noyaux très colorés. Rares segmentés. Pas de Semmer.

Pulpe du foie : Cellules rouges très nombreuses, toutes les variétés, sauf la kinèse. Un certain nombre de cellules sont peu colorées par l'hémoglobine, elles ont des noyaux volumineux ou doubles, pas de kinèse. On ne voit pas de cellules à noyau polymorphe.

Pulpe du thymus : Cellules rouges extrêmement rares. Leucocytes à noyau diffusé, à gros noyau pâle et quelques noyaux lobés ou palmés. Pas de Semmer.

2° OBSERVATIONS CLINIQUES

A. — Anémies infantiles sans mégalosplénie.

a) *Par diarrhée.*

Observation I. — *Diarrhée verte. — Athrepsie. — Anémie. Cellules rouges dans le saug. — Guérison.* (G. Hayem. *Gaz. hebdom.*, 8 octobre 1889). Résumée.

S..., Charlotte, 2 mois, entre le 18 mai 1889, salle Vulpian, n° 3.

Antécédents héréditaires. — Nuls au point de vue pathologique.

Antécédents personnels et début. — Née à terme. Diarrhée verte à 3 semaines. Toux et fièvre, vomissements, convulsions.

(1) Nous ne savons à quoi attribuer cette singulière élection colorante. S'il s'agissait d'un fait de fixation défectueuse, cet état serait limité à une couche plus ou moins épaisse du bord de la coupe, de plus les deux sortes d'éléments seraient également frappés. Nous ne croyons pas que ces lésions rendent inutilisable ce foie fœtal, c'est pourquoi nous avons reproduit ici cet examen histologique.

État actuel. 18 mai. — Amaigrissement, face blême, peau grisâtre. Pas d'éruptions cutanées. Langue normale, appétit diminué. Diarrhée verte, 4 à 5 selles par jour. Abdomen rétracté. Pas de tuméfaction de la rate, ni des ganglions. Sonorité thoracique normale, quelques râles sonores. Rien au cœur. Rares convulsions légères. Fontanelle antérieure incomplètement fermée. Urine : pas d'urobiline, pas d'albumine, pas de sucre, un peu d'urohématine. Acide lactique.

Pas d'amélioration jusqu'au 18, jour auquel on peut rendre le lait, qui est supporté. Sortie le 22.

Sang : 8 juin. N = 926,590, R = 685,000, G. = 0,74, Rn = 7,440, B = 18,910. Grand nombre de cellules rouges à noyau non cinétique. Inégalité de diamètres des cellules rouges.

OBSERVATION II. — *Diarrhée verte. — Anémie. — Cellules rouges dans le sang. — Guérison.* (HAYEM. *Gaz. hebd.*, 8 octobre 1889). Résumée.

C..., François, 2 mois 1/2, entre le 25 mai 1889, salle Vulpian, n° 8.

Antécédents héréditaires. — Nuls, sauf un grand-père mort d'une maladie de l'estomac.

Antécédents personnels. — Pas de paludisme. Était bien portant avant d'arriver à Paris.

Début. — Prend la diarrhée verte à un bureau de placement le 15 mai. Traitement par eau de chaux. Entrée à l'hôpital. On assiste à l'établissement de la pâleur.

État actuel. — 4 juin. Anémie profonde, coloration jaune verdâtre. Pas d'éruptions cutanées. Appétit normal. La diarrhée est en décroissance. Amaigrissement notable. Rien à l'abdomen. Foie déborde les fausses côtes. Rate normale, ganglions normaux. Rien aux poumons, ni au cœur. Souffle dans les vaisseaux du cou. Fontanelle antérieure encore large. Traité au naphtol et à l'acide lactique. Plus tard contre l'anémie on donna deux gouttes de liqueur de Fowler. Urine : pas d'albumine, pas de sucre, pas d'urobiline.

L'amélioration progresse jusqu'au 15, époque où la mère quitte l'hôpital.

La température oscille autour de 38° jusqu'au 2 juin, puis reste à 37° jusqu'à la sortie.

Sang : 2 juin. N = 1,280,300, R = 909,013, G = 0,71, B = 13,485, Rn = 490. Globules géants nombreux mesurant jusqu'à 13 μ 5, globules déformés et de dimensions très irrégulières.

3 juin. Sang pur : Piles courtes, isolées, beaucoup d'éléments isolés. Globules géants très nombreux. Nombreux poïkilocytes. Leucocytes normaux. Pas d'éléments palustres. Pas de corps filamenteux mobiles. Au bout de 20 minutes, pas de réticulum visible. Quelques corps filamenteux.

6 juin. N = 2,052,200, R = 1,210,700, G = 0,59, B = 5,952. Globules rouges à noyau dans le sang desséché.

OBSERVATION III. —*Diarrhée. — Athrepsie. — Anémie. Absence de cellules rouges dans le sang. Emmené par sa mère avant la mort.* Personnelle.

R..., Louis-Joseph, 2 mois, entre le 19 octobre 1889, salle Vulpian, n° 6.

Antécédents héréditaires. — Père et mère bien portants : ont eu : 1° enfant 8 ans, bien portant ; 2° fausse couche bigémellaire ; 3° garçon mort à un mois avec muguet ; 4° garçon mort à 5 semaines avec muguet ; 5° fausse couche ; 6° notre malade.

Antécédents personnels. — Venu à terme, nourri au sein pendant 22 jours, la mère cesse de l'allaiter à cause d'un abcès du sein.

Début. — Vomissements dès le second jour de l'alimentation au biberon, durent 3 semaines, diarrhée verte depuis 4 jours.

État actuel. — Après 2 jours de traitement par acide lactique, la diarrhée se supprime. L'enfant vomit dès qu'on veut lui rendre le lait. Sang : 21 octobre, N = 3,054,000, R = 2,770,250, G = 0,92, B = 8,551 ; sang sec : un peu d'inégalité des globules rouges, poïkilocytose ; globules blancs rares, petits noyaux rares, noyaux différenciés, pâles et diffusés dominent, noyaux lobés et segmentés rares. Pas de cellules rouges. Hématoblastes assez nombreux.

30 octobre. N = 3,596,000, R = 2,125,000, G = 0,60, B = 7,750, pas de Rn.

1er novembre. Alimenté depuis deux jours avec eau albumineuse. Vomissait tous ses aliments. Diarrhée verte persiste. Toux fréquente. Pâleur. Pas de collapsus. Petits accès de toux troublent le sommeil. Gros râles sous-crépitants, rien à la percussion du thorax. Muguet buccal très étendu. Abdomen saillant, un peu dur. Érythème des fesses. Diarrhée verte. Ne vomit plus que lors des accès de toux.

3 novembre. L'enfant est emmené dans un état grave.

OBSERVATIONS IV. — *Diarrhée. — Anémie. Pas de cellules rouges dans le sang. — Mort. — Autopsie. Examen histologique des organes.* (Personnelle.)

N..., 11 mois, entré salle Vulpian, n° 8. Examiné le 3 août 1890. Pas de syphilis évidente. Diarrhée verte au 8e jour. Amaigrissement considérable. Facies très pâle. Sang : Hématies de diamètres très variés, très peu de poïkilococytes. Pas de cellules rouges. Leucocytes, prédominance des noyaux segmentés. Toutes les formes existent cependant. Hématoblastes nombreux.

12 août. Mort avec signes de congestion pulmonaire.

Autopsie. — 13 août. Foie d'apparence saine, rate normale, moelle rouge dans toute l'étendue du fémur gauche. Pas de tubercules dans les organes abdominaux

Examens histologiques. — Préparations sèches. Foie, absence de cellules rouges. Moelle : Grand nombre de globules rouges et de cellules de la moelle. Cellules rouges assez nombreuses, la plupart à un noyau rond, très rares noyaux doubles en trèfle. Pas de kinèse visible. Rate : pas de cellules rouges. Pas de Semmer.

Coupes. — Foie. (× 25 D.). Lobulation très apparente. Stase péri-sus-hépatique (× 80 D.). Intégrité des espaces portes et des veines sus-hépatiques. A leur pourtour il existe de la graisse sous forme de gouttelettes (1 à 2 par cellule), sans déformation des cellules (× 350 D.). Cellules hépatiques normales ainsi que leurs noyaux. Capillaires partout fermés, leur paroi semble épaissie au voisinage des espaces portes. On ne trouve pas à leur pourtour d'accumulation de petites cellules hyalines polyédriques. Éléments hématopoétiques ne sont représentés ni par les grandes, ni par les petites cellules.

Rate (× 80 D.) : Amas de noyaux ronds serrés les uns contre les autres. L'ébauche des follicules de Malpighi est marquée par des amas plus denses de noyaux ronds autour des petites artérioles (× 350 D.). Les grandes cellules hématopoétiques sont très rares, elles ont un noyau très simple, boudin à peine contourné.

Observation V. — *Anémie sans mégalosplénie. — Amélioration, coqueluche, broncho-pneumonie. — Mort. — Autopsie : moelle rouge, pas de lésions de la rate, du foie, ni des ganglions.* (Personnelle. — Partie clinique communiquée par M. le Dr Cadet de Gassicourt.)

P..., Gabrielle, 2 ans, entre le 26 août 1889, salle Blache, n° 13, hôpital Trousseau.

Antécédents héréditaires. — Mère bien portante. Père alcoolique.

Antécédents personnels. — Née à terme. Élevée au sein jusqu'à 10 mois. Depuis lors a été très souffrante. Il y a 3 mois, vulvite ulcéreuse (?)

État actuel. — Teinte pâle cireuse des téguments. Anasarque. Urine non albumineuse. Quelques ganglions au cou. Signes négatifs du côté du poumon, du cœur, de l'appareil digestif.

27 août. Elixir parégorique X gouttes, donné en raison d'un peu de diarrhée.

Le 30. La bouffissure du visage diminue, l'enfant peut ouvrir les yeux. Œdème des extrémités.

2 novembre. La température a monté hier au soir à 39°,8. L'enfant a vomi hier. Les paupières de l'œil gauche sont tuméfiées et rouges. Le point de départ est dans un petit abcès de la caroncule, qui existe depuis 2 ou 3 jours.

Le 13. Coqueluche, 11 quintes.

Le 14. La température s'est élevée. On n'entend rien d'anormal à l'auscultation. Cataplasme sinapisé, eau-de-vie. Température 39° ; elle oscille autour de ce chiffre jusqu'au 22 novembre.

Le 21. La dyspnée est très accusée. Râles sous la clavicule gauche.

Le 25. Dyspnée très intense. La température s'est élevée et atteint ce matin 40°,9.

Le 26. L'état s'aggrave. Température 41°,8. Dyspnée. A droite, sonorité obscurcie. Peu de signes positifs à l'auscultation. Mort à 9 heures du soir.

Autopsie, le 28 novembre à 11 heures du matin.

Abdomen. — Organes sains. Pas de tubercules péritonéaux. Rien aux ganglions mésentériques. *Rate*, petite, 22 gr., couleur rouge foncé. Pas de périsplénite, pas d'infarctus, pas de tubercules. A la coupe, couleur uniforme, glomérules peu saillants. *Foie*, 450 gr. Couleur jaune gris, par de périhépatite. A la coupe, anémie, taches jaunâtres disséminées, pas de tubercules. La vésicule contient un mucus incolore. *Reins*, 44 gr. chacun. Normaux. Pas de tumeurs ganglionnaires.

Thorax. — Pas d'épanchements pleuraux. Poumons, lésions de bronchopneumonie étendue. Ganglions trachéo-bronchiques non tuberculeux, n'exercent aucune compression.

Restes du thymus sains. Cœur et péricarde sains. Moelle du fémur gauche rouge assez foncé dans toute son étendue, très vascularisée. Beaucoup de sang s'échappe après l'ouverture de l'os.

Numération, 23 octobre, N = 3,751,000, R = 2,933,000, G = 0,79, B = 4,960.

Examens histologiques. — Sang pendant la vie, 8 et 23 octobre 1889. Inégalité des globules rouges, sans poïkilocytose. Hématoblastes assez nombreux. Pas de cellules rouges. Globules blancs, prédominance des formes jeunes.

Après la mort (28 octobre 1889). Veine cave inférieure. Même aspect que pendant la vie. Rate : A côté des cellules de la rate et des globules rouges, on ne trouve aucun élément hématopoétique. Moelle, on trouve avec beaucoup de difficultés quelques rares cellules rouges dans trois préparations de moelle, prises en trois points différents du fémur gauche.

b) Par syphilis.

OBSERVATION VI. — *Syphilis héréditaire. — Anémie du 1er degré sans mégalosplénie. — Absence de cellules rouges. — Amélioration.* (Personnelle.)

F..., Léon, 10 mois, entre le 22 octobre 1889, salle Vulpian, n° 9.

Antécédents héréditaires. — Père, marié depuis 2 ans 1/2, n'aurait pas eu depuis son mariage d'accidents syphilitiques. Mère pas de fausse couche depuis son mariage. Pas d'autre enfant. Chlorose à 17 ans. Six mois après son mariage a eu des « boutons » aux organes génitaux, des érosions aux lèvres et une éruption ; céphalalgie, perte des cheveux. Ces accidents ont duré jusqu'au 3e mois de sa grossesse, qui depuis a été normale. A été traitée, mais ignore de quelle façon.

Antécédents personnels. — Enfant né à terme. Sein jusqu'à 2 mois. A ce moment son nez n'était pas déformé, sa respiration facile. Il tousse depuis ce moment.

Début. — En même temps apparaît une éruption de plaques rouge sombre, d'abord sur le tronc, puis sur toute la face et enfin aux bras, aux fesses et sur tout le corps; après un mois, les plaques s'étendirent et il survint des ulcérations aux lèvres, entre les doigts et les orteils. Il lui fut ordonné alors des bains de sublimé, qu'on lui donna pendant 2 mois 1/2. Survinrent alors des ulcérations aux paupières et au crâne. Les cils et les cheveux tombèrent. Consécutivement il survint une opacification des cornées. La toux continuait, l'effondrement du nez vint bientôt ajouter à la gêne respiratoire.

État actuel. — Nez affaissé à la base, lèvres exulcérées même au niveau de la face cutanée de la lèvre inférieure. Paupières dépourvues de cils, exulcérées. Double kératite interstitielle. Crâne natiforme. Enfant très maigre. Cicatrices superficielles aux fesses, aux cous-de-pied. Rien au tronc. Fissures aux lèvres. Rien au palais. Gorge un peu rouge. Voix faible. Dyspnée, toux, signes de bronchite légère. Pas de vomissements, pas de diarrhée, anémie légère. Traitement. Liqueur de Van Swieten, 2 cuillerées à café. Température normale ou subnormale.

Après 15 jours d'hospitalisation, la mère emmène son enfant légèrement amélioré.

Examen histologique du sang. — 25 et 29 octobre 1889. Inégalité dés hématies, un peu de poïkilocytose. Pas de cellules rouges. Globules blancs, formes jeunes ; une forme spéciale où le noyau simule la kinèse. Pas de Semmer.

c) *Par cancer.*

Observation VII. — *Cancer du rein. Anémie. Pas de cellules rouges.* Enfant de 2 ans 1/2, salle Denovillniers, n° 20, hôpital Trousseau. Enfant observé le 8 octobre 1889. (Service de M. le prof. Lannelongue).

Enfant extrêmement pâle. Ventre volumineux, œdème des membres inférieurs. On sent une tumeur dans la région gauche de l'abdomen. L'autopsie démontra qu'il s'agissait d'un cancer du rein.

Examen histologique du sang. — Hématies inégales, pas de poïkilocytose. Hématoblastes assez nombreux. Pas de cellules rouges. Prédominance des leucocytes à noyau segmenté. Quelques Semmer.

Obs. VIII (1). — Enfant de 2 mois, salle Vulpian, n° 8, 6 et 13 juin 1889.

(1) Les observations VIII à XV sont de simples notes, concernant des préparations de sang, pris pendant la vie sur des nourrissons anémiés, par diarrhée ou par syphilis, à la crèche de l'hôpital Saint-Antoine pendant l'année 1889.

Sang. Globules rouges inégaux, poïkilocytose. Hématoblastes rares. Cellules rouges rares à un noyau rond. Leucocytes de toutes formes à peu près en égales quantités. Pas de Semmer.

Obs. — IX. 5 mois, salle Vulpian, n° 14. Sang. 4 juillet 1889. Globules rouges inégaux, pas de poïkilocytose. Hématoblastes très nombreux. Pas de cellules rouges. Globules blancs, toutes les formes.

Obs. X. — 6 mois, salle Vulpian, n° 10. Sang, 4 octobre 1889. Hématies un peu inégales, pas de poïkilocytes. Hématoblastes nombreux. Pas de Rn. — B : prédominance des formes à noyau différencié, pâle, rond ou palmé.

Obs. XI. — Salle Vulpian, n° 6. Sang, 2 novembre 1889. Hématies peu inégales. Hématoblastes très nombreux. Pas de cellules rouges. Leucocytes : prédominance des formes à noyau diffusé, puis des noyaux segmentés. On voit quelques leucocytes à noyau diffusé renfermant quelques grains arrondis, pâles, ne se colorant pas par le bleu de méthylène et qui sont peut être des débuts de leucocytes de Semmer.

Obs. XII. — Salle Vulpian, n° 5. Sang 8 juin 1889. Globules rouges pas inégaux. Hématoblastes rares. Pas de Rn. — B : prédominance des formes à petit noyau rond foncé, à grand noyau pâle diffusé, ou différencié. Rares noyaux segmentés.

Obs. XIII. — Salle Vulpian, n° 6. Sang, 6 juin 1889. Hématies un peu inégales, hématoblastes rares. Pas de Rn. — B : prédominance des petits noyaux foncés et des grands noyaux pâles diffusés. Quelques Semmer.

Obs. XIV. — Salle Vulpian, n° 3. Sang, 6 juin 1889. Hématies très inégales. Poïkilocytose. Hématoblastes très rares. — Rn : formes à noyau rond, unique, très rares globules pnélaires. Leucocytes : prédominance des petits noyaux foncés.

Obs XV. — Salle Vulpian, n° 7 (8 octobre 1889). Globules rouges un peu inégaux. Hématoblastes rares. Pas de Rn. B : rares, prédominance des noyaux diffusés. Quelques cristaux aciculés dans le plasma.

B. — Anémies infantiles avec mégalosplénie.

a) Par syphilis.

OBSERVATION XVI. — *Syphilis héréditaire. Mégalosplénie. Anémie. Cellules rouges dans le sang. Broncho-pneumonie. Mort. Autopsie. Examen histologique des organes.* (Personnelle. Partie clinique due à M. le Dr CADET DE GASSICOURT.)

C... Georgette, 2 ans, entre le 17 juin 1889, salle Blache, n° 10, à l'hôpital Trousseau.

Antécédents. — Père syphilitique. Mère, jamais d'accidents de syphilis; a eu quatre grossesses : 1° un enfant âgé de 3 ans, bien portant; 2° notre malade; 3° un enfant mort à 9 semaines d'accidents qualifiés de syphilitiques par un médecin; 4° une fausse couche il y a 15 jours.

Début. — L'enfant a été retirée hier de nourrice. Depuis 2 mois elle avait, dit-on le ventre enflé, elle ne se tenait pas debout.

État actuel. — 18 juin. Cicatrices sur les fesses. Rate très volumineuse, 12 cent. de haut, sur 6 1/2 antéro-postérieurs. Très abaissée, on sent son bord supérieur au-dessous des fausses côtes. Elle est lisse. Traitement : Iodure de potassium 0,50 centig.

1er juillet : Signes de congestion pulmonaire.

Le 13. La rate n'a pas diminué, son volume s'est plutôt accru.

Le 15. Les frictions mercurielles, instituées depuis 15 jours environ, ne paraissent avoir eu aucune action. L'enfant maigrit et se cachectise. Suppression des frictions.

28 octobre. Râles sous-crépitants à gauche en arrière.

9 novembre. Râles humides dans toutes la poitrine.

Le 11. Convulsions. Mort.

La température s'est maintenue au-dessus de 38°. Vers la fin elle a monté à 39°.

Autopsie. — 13 novembre 1889.

Péritoine, intestin, estomac, ganglions mésentériques normaux.

Rate. 115 gr. 12 cent. de long, 6 de large, 3 d'épaisseur, très volumineuse, est abaissée en totalité jusqu'à la crête iliaque. Pas de périsplénite. Pas de tubercules. A la coupe, couleur rouge lie de vin uniforme. Pas de tubercules. Pas d'hypertrophie glomérulaire. Pas de dépôts leucémiques. *Foie.* 300 gr. Pas augmenté de volume, couleur gris rosé, à la surface. Pas de périhépatite. Coupe, couleur gris rosé, pas d'hypérémie, pas de dégénérescence graisseuse, pas de tumeurs, pas de dépôts leucémiques. Bile jaune peu colorée. *Reins.* 32 et 33 gr., sains, un peu pâles, décortication facile. Capsules surrénales, pancréas sains.

Cœur. Sain, pas de lésions valvulaires. Poumons : lésions de broncho-pneumonie, surtout du côté gauche, pas de tubercules. Ganglions trachéo-bronchiques sains. Rien au thymus. Moelle du fémur gauche gris rouge, pas de diffluence, pas de tubercules. Cerveau pas examiné.

Examen histologique. — Sang pendant la vie. Numérations : Voir le texte.

Préparations sèches (8 et 23 octobre, 1889). Hématies de volumes très variés. Pas de véritables globules géants, ni de poïkilocytes. Cellules rouges, fort rares sans comparaison possible avec le sang d'anémie pseudo-leucémique. La plupart à un seul noyau foncé, petit, ou bien de volume moyen. Les noyaux clairs sont rares. Corps cellulaires pour la plupart très chargés d'hémoglobine. Rares noyaux en trèfles, noyaux doubles et très rares noyaux cinétiques, en tout semblables à ceux d'anémie pseudo-leucémique. Leucocytes. En majeure partie à noyau segmenté. Semmer rares. Tous les types sont visibles : 1° noyau fortement coloré, protoplasma mince, élément petit ; 2° éléments plus volumineux, noyau clair, diffusé, ou différiencié protoplasma mince ; 3° noyaux clairs incurvés en C ou S ; 4° Semmer ; 5° leucocytes hyalins hypertrophiés.

Sang et pulpe des organes après la mort.

a) *Veine-cave inférieure au-dessus du foie.* — Les hématies ont disparu par dissolution. Les globules blancs sont comme dans le sang capillaire. Les cellules rouges ne sont pas plus abondantes que dans le sang général. Toutes ont un noyau rond. Semmer extrêmement rares.

b) *Pulpe du foie.* — Leucocytes à noyau rond ou bilobé assez nombreux. Semmer rares. Cellules rouges un peu plus nombreuses que dans veine-cave. beaucoup de noyaux en trèfle.

c) *Pulpe de rate.* — Cellules rouges relativement rares, à peu près comme dans pulpe du foie. Noyau simple, ou en trèfle, pas de cinèse. Cellules propres de la rate, dont les dimensions varient de 3,5 à 12 μ. Leucocytes ordinaires à noyau segmenté très rares. Semmer assez nombreux, ou pour mieux dire cellules à grains éosinophiles. Pas de cellules à noyau bourgeonnant.

d) *Moelle des os.* — Cellules de la moelle, leucocytes de Semmer abondant. Les cellules rouges sont de 4 types : noyau rond unique nombreuses ; noyau rond avec globule polaire ; noyau en trèfle, plus fréquentes que dans le sang et cellule à deux noyaux à peu près égaux. Pas de cinèses.

Coupes du foie et de la rate.

1° *Foie.* — (× 25 D.). Absence de lobulation normale. Pas d'augmentation du tissu conjonctif. Ordination trabéculaire irrégulière (× 75 D.) travées cellulaires très minces, irrégulières, très infléchies au niveau des anastomoses. Les capillaires sont augmentés d'épaisseur, par formation de tissu conjonctif. L'atrophie est moins prononcée au voisinage des espaces portes. (× 350 et 400 D.). Espaces portes et veine sus-hépatiques, rien à signaler. Capillaires et cellules hépatiques sont les points les plus lésés. Autour des vaisseaux s'est développé un manchon de tissu conjonctif, qui a atrophié les cellules hépatiques et les a rendues granuleuses, en même temps qu'il les a dissociées. L'atrophie cellulaire va jusqu'à les transformer en petits blocs granuleux méconnaissables. Leur noyau prend quelquefois des formes bizarres, qui pour un temps nous a fait croire à l'existence de grandes cellules hématopoétiques ; mais, outre que ces noyaux n'atteignent pas les dimensions qu'on rencontre dans les cellules hématopoétiques, leur protoplasma conserve toujours les granulations grossières des cellules hépatiques. On ne trouve en réalité dans ce foie, ni grandes cellules hématopoétiques, ni amas de petites cellules hyalines. si caractéristiques.

2° *Rate.* — Les grossissements faibles ne donnent ici aucuns renseignements utiles. (350 à 525 D.). Le stroma n'est pas hypertrophié, non plus que la tunique de la rate, qui mesure 105 μ d'épaisseur. Rien de spécial du côté des vaisseaux. Parmi les éléments cellulaires, passons sur les cellules propres de la rate et sur les cellules à grains éosinophiles, qui ne présentent rien de spécial. On trouve en outre : 1° De grandes cellules à noyau polymorphe de 20 à 42 μ avec un noyau de 17 à 20 μ. Protoplasma médiocrement éosinophile, finement granuleux, sans exoplasme. Noyau tantôt rond, tantôt en boudin, le plus souvent multilobé, quelquefois un certain nombre de lobes sont détachés de la masse principale du noyau ; 2° des petites cellules ayant même aspect du protoplasma, qui mesure 8 à 12 μ à noyau rond ou ovalaire de 5 μ à 8,5 μ. Ces éléments paraissent issus par segmentation des grandes cellules.

Observation XVII. — *Syphilis héréditaire précoce. Mégalosplénie et gros foie. Anémie. Cellules rouges dans le sang. Mort. Autopsie. Examen histologique des organes.* (Personnelle.)

M..., Louis, 1 mois, entre le 17 mai 1890, Salle Vulpian, n° 12.

Antécédents héréditaires. — Mère, 28 ans, a eu la variole en 1870, la fièvre typhoïde en 1875 et des névralgies à la puberté. Pas d'impaludisme. En 1888 elle accouche d'un mort-né ; en décembre 1888, avortement. A ce moment on accuse la syphilis du mari. La mère n'aurait jamais eu d'accidents syphilitiques. Absence de renseignements sur la santé du père.

Antécédents personnels. — Né à terme. La grossesse aurait été normale. Bien portant dans les premiers jours. Il y a 8 jours, la mère s'aperçut que le ventre de son enfant devenait gros. Fissures des lèvres et pâleur depuis le 16 mars, érythème des fesses depuis le 17 et coryza depuis le 18.

Etat actuel. — 19 mars 1890. Enfant pâle, peu amaigri. Macules rouges au pourtour des lèvres, quelques fissures aux angles. Enchifrènement peu prononcé, sans écoulement nasal. Pâleur du reste des téguments. Abdomen balloné, ombilic saillant, pas de hernie ombilicale. On sent une tumeur splénique lisse, à bord antérieur tranchant, pas très dure. Se continue en haut et en arrière par une zone de matité. Longueur totale 8 cent. Foie volumineux surtout dans le lobe droit. Ni le foie, ni la rate ne sont douloureux. Partout ailleurs l'abdomen est sonore.

Jusqu'à hier, l'enfant tétait bien. Pas de diarrhée. Pas de vomissements. Alimenté au sein maternel. Rien au thorax que quelques râles sibilants et ronflants disséminés. Rien au cœur. Pas d'hypertrophie ganglionnaire.

Plaques muqueuses cutanées entre les orteils des deux pieds. Erythème périanal. Rien au scrotum, ni à la verge. Crâne pas déformé. Membres peu douloureux. Température 37° et 37°,8

20 mars. — Pâleur du tégument. Selles dures, jaunes. T. M. 36°,4. Dans l'après-midi cyanose, collapsus. Mort le 21, à 8 h. du matin, avec température de 34°,4.

Autopsie. — Le 22 mars, 3 h. après la mort. Le cadavre pèse 4,650 gr.

Abdomen. — Péritoine sain. *Foie* : très volumineux, descend à droite jusque dans la fosse iliaque. Non déformé. Pas de périhépatite. Couleur ocre avec taches plus sombres. Le foie ne s'affaisse pas sur la table, conserve les impressions costales. A la coupe, couleur ocre, aspect silex, surface de coupe luisante vitreuse. Pas de réaction de l'amyloïde. Poids 480 gr. Bile jaune filante. *Rate*, 80 gr. Tuméfaction générale sans altération de consistance. Capsule chagrinée, pas de périsplénite. Coloration rouge uniforme. Corpuscules de Malpighi pas hypertrophiés. Pas de tubercules, de cancer, ni d'infarctus.

Reins. — 30 gr. chacun. Sains. Rien à intestin, estomac, pancréas, capsules surrénales, sauf psorentérie légère. Ganglions mésentériques normaux.

Thorax. — Thymus sain. Poumons, quelques noyaux de broncho-pneumonie. Cœur normal. Grosses artères saines. Cerveau normal.

Examens histologiques. — Sang. Numération (19 mars 1890) N = 1,235,970, R = 1,523,600, G = 1,25, B = 11,780. Sang pur. Hématoblastes peu nombreux. Beaucoup de globules isolés. Légère augmentation des blancs, dont certains très volumineux. Retard dans la coagulation (les piqûres saignent abondamment). Pas trace de fibrine après une demi-heure. Viscosité globulaire non augmentée. Les globules sont très résistants aux compressions. Préparations sèches. Etat granuleux tout particulier du plasma. Hématoblastes rares assez volumineux, Grande inégalité de diamètre des cellules rouges. Quelques globules géants. Cellules rouges rares, de moyen volume, à noyau tantôt petit, tantôt volumineux, unique, arrondi. Quelques rares noyaux doubles. Pas de kinèses. Leucocytes : prédominance des formes jeunes. Pas de Semmer.

Pulpe des organes. — Foie : Pas de cellules rouges. Rate très peu de cellules rouges, pas plus que dans le sang capillaire. Moelle des os :

Cellules rouges nombreuses, noyaux doubles fréquents, trèfles assez nombreux. Pas de kinèses.

Coupes des organes. — Foie : Lésions classiques du foie silex avec sclérose monocellulaire de Charcot. Absence de cellules hématopoétiques grandes et petites. Rate : il s'y trouve de très rares grandes cellules hématopoétiques à noyau polymorphe, qui n'ont d'ailleurs rien de spécial.

b) Par rachitisme.

OBSERVATION XVIII. — *Rachitisme. Mégalosplénie. Anémie. Cellules rouges dans le sang.* (Personnelle, partie clinique due à M. le Dr CADET DE GASSICOURT.)

C..., Albert-Léon, 22 mois, entre salle Barrier, n° 16, le 24 février 1890, à l'hôpital Trousseau.

Cet enfant avait déjà fait un séjour même salle, n° 9, en octobre 1889, pour rachitisme, syphilis douteuse et était sorti à la fin du même mois. Absence d'anamnestiques.

État actuel. — 26 février 1890. Il revient avec la coqueluche. Enfant peu développé. Crâne natiforme très net, pas de front olympien véritable. Visage pâle, mais coloration rosée des joues assez accentuée. Coryza sans ozène. Pas d'éruptions aux lèvres, ni de traces d'éruptions antérieures. Dentition : I $\frac{2 + 2 \text{ demi-sorties}}{4}$ C $\frac{0}{0}$ p. M. $\frac{2}{2}$. Pas de dent d'Hutchinson, légères érosions superficielles des dents supérieures, qui tendent à la forme semi-lunaire.

Thorax saillant ; ventre volumineux, ovalaire. Membres moyennement développés. Pannicule adipeux bien conservé. Traces d'érosions fessières anciennes. Pas d'ulcérations à l'anus, ni aux organes génitaux. Pas d'ulcérations derrière le pavillon de l'oreille. Appétit bon, pas de diarrhée. Ventre indolore. Pas d'angine. Pas d'ulcérations de la bouche, ni de la langue.

Rate. — Enorme, 11 cent. 16. Abaissée jusqu'à la crête iliaque gauche. Tumeur lisse, dure, incisure du bord antérieur. Pas de frottements à son niveau. Pas de bruit de souffle.

Foie. — Non augmenté de volume. Pas de signes de péritonite, ni d'ascite. La tension du ventre empêche de palper les ganglions mésentériques.

Thorax. — Sonore, râles ronflants et sibilants plus abondants aux bases. Dyspnée légère. Bruits du cœur marqués. Pouls plein, non accéléré : 90 p Urine au lit.

Tibias un peu incurvés. Nodosités des poignets. Déformation rachitique du thorax. Deux cicatrices pigmentées, non adhérentes, l'une au genou droit, l'autre à la partie externe de la jambe gauche.

Ganglions inguinaux un peu hypertrophiés, de même pour les cervicaux. Tous sont durs, mobiles sur l'aponévrose, sous la peau et entre eux.

Au mois d'avril, il contracte la rougeole, est envoyé au pavillon d'isolement et nous le perdons de vue.

Examens histologiques du sang. — Numérations. Voir le texte.

Préparations sèches : octobre 1889. Hématies inégales, légère poïkilocytose. Hématoblastes assez nombreux. Cellules rouges rares, uninucléées, noyau rond, mais assez volumineux. Pas de kinèses. Leucocytes : la plupart de formes jeunes (quelques petits globules n'atteignent pas 3 μ).

21 février 1890. Mêmes caractères des globules rouges et blancs. Hématoblastes assez rares. Cellules rouges extrêmement rares. Cristaux aciculés.

29 mars 1890. Pendant rougeole. Globules rouges mêmes caractères. Hématoblastes nombreux. Pas de cellules rouges. Leucocytes, mêmes caractères, sauf absence de la forme à petit noyau rond foncé et à protoplasma mince.

Observation XIX. — *Rachitisme. Mégalosplénie. Anémie. Cellules rouges dans le sang. Amélioration. Traitement par le phosphore.* (Personnelle.)

B..., Georgette, 20 mois, amenée par sa mère à l'hôpital Saint-Antoine, à partir du 12 mai 1890.

Antécédents héréditaires. — Mère bien portante. Pas de syphilis connue Pas de paludisme. 1re grossesse en 1882, accouchement à terme. 2e grossesse en août 1887, fausse couche sans cause connue (métrorrhagies). 3e grossesse en 1888, notre malade. 4e grossesse en 1889-90, l'enfant a actuellement 5 semaines, bien portant. Père bien portant, un peu d'alcoolisme.

Antécédents personnels. — Enfant née à terme, élevée au sein pendant 3 mois, on lui donne déjà de la bouillie, et elle a de la diarrhée. A ce moment un médecin fait cesser cette alimentation et donne de l'eau de chaux. La diarrhée cesse en 8 jours. Pas d'autres maladies, pas de fièvres intermittentes. Un léger coryza dans les premiers temps de la vie. Quelques fissures aux angles des lèvres. Pas de cicatrices aux fesses. L'éruption dentaire a commencé à 6 mois, l'enfant a actuellement 9 dents.

Début. — La mère s'aperçut il y a peu de jours que le ventre de sa fille enflait ; c'est pourquoi elle alla consulter.

État actuel. — Enfant pâle, un peu amaigrie depuis environ un mois. Membres grêles un peu flasques. Crâne légèrement natiforme, pas de pseudo-paralysie des membres. Front olympien. Rate tuméfiée, abaissée jusqu'à la crête iliaque. Foie non tuméfié, déborde à peine les fausses-côtes. Poumons sonores, sans râles. Rien au cœur. Appétit bon. Pas de diarrhée, ni de constipation. Traitement : alimentation lactée exclusive. 6 gouttes de liqueur de Fowler.

24 mai. Épistaxis abondante, ayant duré environ une heure. En avait eu une il y a 15 jours. L'enfant a pâli. La tumeur splénique ne s'est pas modifiée. Dyspnée légère (60 R. p. min.). Liqueur de Van Swieten, 2 cuillerées à café.

16 juin. Enfant pâle, maigre, ne tousse pas, rien à l'auscultation. Rate même volume. Foie déborde de deux travers de doigt et remonte à un doigt au-dessous du mamelon. Pas de diarrhée, ni de vomissements. Pas d'éruptions cutanées. La viande crue acceptée pendant 8 jours est maintenant refusée. Membre inférieur gauche un peu douloureux. Jambes incurvées, articulations volumineuses. Pas de fractures, pas de paralysies. Diagnostic : rachitisme à la période de destruction osseuse. Traitement : décubitus dorsal constant, 50 gr. de lactophosphate de chaux par jour. Continuer la liqueur de Van Swieten, 1 cuillerée. Lait, bouillie de froment, 50 gr. de viande crue.

1er juillet. On donne huile phosphorée à 1/100, deux gouttes par jour, suppression de liqueur de Van Swieten.

A partir de ce moment, légère amélioration, qui va s'accentuant. En janvier 1891 l'enfant est très bien portante, plus colorée. La tumeur splénique persiste avec tous ses caractères.

Examen histologique du sang. Numération. Voir le texte.

Sang sec coloré. 12 mai 1890. Hématies inégales, sans poïkilocytose. Hématoblastes rares. Cellules rouges très rares toutes à un noyau rond. Leucocytes : grand nombre de petits éléments à mince protoplasma à noyau foncé ; beaucoup de grands noyaux diffusés et différenciés pâles.

31 mai 1890. Mêmes caractères du sang. 16 juin. Même chose. 7 juillet. Cellules rouges extrêmement rares. Globules blancs à noyau segmenté un peu plus fréquents.

Observation XX. — *Rachitisme* (1). *Anémie. Leucocytose* (v. Jaksch, Ueb. d. Diagnose, etc., p. 14 du tirage à part. *Prager med. Woch.*, 1890).

Enfant 3 ans 1/2. Rachitisme grave avec pneumonie lobulaire double, tuméfaction de la rate et des ganglions. Poïkilocytose. Nombre de leucocytes gros et petits et de leucocytes multinucléés.

20 fév.	N=1,600,000	B=36,000	Rapp.	1/50	Hémogl.	3gr.15	Fleischl.
25 »	N=1,300,000	B=30,000	»	1/43	»	4gr.9	»
8 mars	N=1,531,000	B=37,300	»	1/41	»	3gr.5	»
15 »	N=1,200,000	B=20,700	»	1/58	»	2gr.8	»
19 »	N=1,410,000	B=26,111	»	1/54	»	3gr.2	»
25 »	N=1,560,000	B=33,000	»	1/46	»	2gr.1	»
30 »	N=1,120,000	B=18,600	»	1/60	»	1gr.96	»
7 avril	N= 750,000	B=12,500	»	1/60	»	1gr.4	»

(1) Ce cas est donné par V. Jaksch comme exemple d'anémie dans le rachitisme, pour la distinguer de l'anémie pseudo-leucémique.

c) *Anémies pseudo-leucémiques.*

Observation XXI. — *Anémie infantile pseudo-leucémique. Nombreuses cellules rouges en karyokinèse dans le sang* (En partie personnelle, en partie empruntée à Hayem, *Du sang*, p. 864).

N..., 10 mois, envoyé le 4 mars 1889 à M. Hayem, par M. le Dr Cadet de Gassicourt.

Enfant pâle, très anémique, très abattu, il ne soutient pas sa tête, qui roule sur le bras de sa mère, qui le porte. Ne crie pas spontanément. Pas d'éruption cutanée, pas de pétéchies, un peu d'œdème aux jambes. Pas d'hypertrophie ganglionnaire. Les ganglions de l'aine, un peu volumineux, roulent sous le doigt et ne sont pas douloureux. Ventre très développé, sans tension, pas de signes d'ascite. On sent dans le flanc une tumeur volumineuse, ayant la forme de la rate hypertrophiée et descendant jusqu'auprès de la crête iliaque. Le foie déborde les fausses côtes de deux travers de doigt. Rien aux poumons, ni au cœur. Pas d'épistaxis. Ne tousse pas. Pas de déformation rachitique de la tête, du tronc, ni des membres.

Examens histologiques du sang. — Nous reproduirons ici la description faite par M. Hayem, en l'abrégeant.

« Sang pur. Piles petites, séparées par de grands espaces plasmatiques. Globules isolés, non déformés sur les bords. Leucocytes abondants, pas plus que dans un cas de phlegmasie ; les uns très petits, les autres très grands et d'une manière générale, hypertrophiés. Contractilité amiboïde normale. Hématoblastes peu abondants. Au bout de 1/4 d'heure, apparaît un réticule incomplet à fibrilles assez grosses (pas d'augmentation de la fibrine).

« Numération. — N = 2,712,5000, G = 0,50, R = 1,356,250, B = 33,000.

« Sang sec. — Les globules rouges sont pâles, de diamètres inégaux, peu déformés, inégalement colorés. Parmi les leucocytes, ceux à grosses granulations sont relativement abondants. Hématoblastes de grande taille nombreux. Les cellules rouges présentent des particularités intéressantes, qu'on ne retrouve pas dans ces mêmes éléments étudiés chez l'adulte. a) Éléments volumineux ne renfermant que des traces douteuses d'hémoglobine, noyau clair, très gros, à peine réticulé, à contours peu précis ; b) mêmes éléments à noyau foncé, nettement réticulé, formant une masse unique, arrondie, remplissant parfois presque tout l'élément ; c) éléments plus nettement hémoglobiques, à noyau divisé en deux masses distinctes reliées ou non par des tractus de chromatine ; d) enfin formes à noyau unique très condensé et disque fortement hémoglobique. On remarque d'ailleurs le même aspect du disque dans quelques éléments à noyau lobulé ; mais très condensé ».

La description faite par M. Hayem, a porté sur des préparations colorées, montées dans le baume et examinées à l'aide de lentilles à sec. Tout autre est l'aspect des cellules rouges, quand on se sert de lentilles à immersion homogène, qui peuvent résoudre en ses filaments élémentaires le réticule chromatique de ces éléments.

Nous avons trouvé des formes karyokinétiques si abondantes. qu'elles peuvent jusqu'à un certain point caractériser la forme morbide, dont nous nous occupons. On rencontre comme éléments : 1° des cellules à un seul noyau, du type embryonnaire commun : protoplasma homogène, hyalin, faiblement hémoglobique avec 3 variétés : a) protoplasma volumineux, crètes d'empreinte, noyau petit, foncé, réticule à grosses fibrilles ; b) protoplasma plus mince, noyau volumineux, central ou non ; c) protoplasma encore plus mince, noyau très volumineux, très pâle. Les filaments de chromatine se disposent en 4 à 5 secteurs coniques, se réunissant au centre du noyau. Il est difficile de déterminer si des filaments chromatiques passent d'un secteur à l'autre, ou s'ils sont indépendants. Ces trois variétés sont privées de nucléole, il existe entre le noyau et le protoplasma un mince espace clair limitant. Le diamètre total de l'élément dépend du noyau et non du protoplasma. Dans ce sang, les formes prédominantes sont précisément les cellules volumineuses à gros noyau clair et à mince disque protoplasmique ;

2° Il faut en rapprocher les formes où le noyau rond, unique est accompagné d'un ou deux petits corpuscules nucléaires, isolés ou non du noyau. Peut-être s'agit-il là d'une sorte d'expulsion de globule polaire, analogue à ce qui a lieu dans l'œuf fécondé ;

3° Formes palmées. Elles sont fréquentes. Présentent rarement des crêtes d'empreinte. Il n'y a pas de zone limitante entre le noyau et le protoplasma. Les formes nucléaires sont : a) noyau rond avec 2 ou 3 bourgeons périphériques ; b) noyau excentrique, émettant vers le centre 2 ou 3 bourgeons, quelquefois subdivisés, en feuille de trèfle ; c) noyau formé de masses allongées, toutes réunies par leurs pointes vers le centre de la cellule ;

4° Noyaux doubles. Deux globes à peu près égaux ;

5° Formes cinétiques. Ou trouble : le diaster avec zone équatoriale claire, chacun étant composé de 10 à 30 filaments. Pas de zone claire limitante autour du noyau. Nous avons noté la forme ou chaque aster s'était transformé en un peloton au repos. Dans une autre cellule, existait une masse chromatique foncée à pointes courtes, toutes dirigées d'un même côté.

Globules blancs. — Fréquence de petits globules à noyau très foncé et à protoplasma hyalin, mince, des gros éléments à noyau diffusé et à grand noyau différencié, pâle, rond, lobé ou divisé en deux masses. Rareté des noyaux segmentés. Assez grand nombre de leucocytes de Semmer. Quelques globules foncés, à protoplasma plus coloré que le noyau.

Observation XXII. — *Anémie infantile pseudo-leucémique. Mégalosplénie. Leucocytose. Présence dans le sang de cellules rouges, dont un grand nombre en karyokinèse. Diarrhée verte. Mort. Autopsie. Examens histologique des organes.* (Personnelle.)

N..., Marthe, 1 an, entre le 22 mai 1889, salle Vulpian, n° 14, service de M. le professeur Hayem.

Antécédents héréditaires. — Père, 31 ans, bien portant, pas de scrofule. Mère, 25 ans, bien portante, pas de paludisme, a habité Cognac 4 ou 5 ans avant de venir à Paris. Pas de traces de scrofule. N'a jamais eu de gourmes, ni d'adénopathies. Un oncle et une tante bien portants. Une sœur de 4 ans 1/2, bien portante. Pas de scrofule, pas de paludisme.

Antécédents personnels. — Pas de scrofule, pas de maladies infectieuses.

Début. — L'enfant est malade depuis l'âge de 5 mois. Elle avait été traitée à cette époque pour une « inflammation d'intestins ». Elle prit de l'eau de Vichy, du phosphate de chaux et une potion antidiarrhéique. Nourrie au sein pendant 1 an 1/2 environ, elle prit ensuite du lait au biberon. Il ne semble pas qu'elle ait jamais eu de la fièvre intermittente.

Etat actuel (22 mai). — Enfant moyennement développée ; elle prend environ un litre de lait par jour. Pas de vomissements, pas de diarrhée. Pas encore de dents. Des fontanelles, l'antérieure est encore ouverte, la postérieure est fermée.

Les membres sont maigres, tandis que l'abdomen est volumineux ; sa paroi antérieure est sillonnée de véinules. A gauche, on sent une grosse tumeur, s'étendant verticalement du rebord costal à l'arcade crurale et dans le sens horizontal de la masse sacro-lombaire, à la région ombilicale, où elle cesse à 3 travers de doigt de l'ombilic. Le bord antérieur de cette tumeur est oblique en avant et en bas. Sa forme générale est celle de la rate. Elle peut être exactement limitée avec les doigts et présente un bord antérieur tranchant, un bord postérieur mousse et arrondi et une face externe étalée, sans nodosités, lisse et arrondie, dans toute son étendue, qui occupe presque toute la moitié gauche de l'abdomen. La tumeur est mate et légèrement douloureuse dans toute son étendue. Le reste de l'abdomen est sonore. Pas de signes de péritonite, ni d'ascite. Le foie déborde légèrement les fausses côtes. L'estomac n'est pas dilaté. Aux deux aines, chaînes ganglionnaires bien distinctes, mais plus marquées à droite.

L'enfant tousse un peu, râles sibilants et ronflants disséminés dans toute l'étendue de la poitrine. Rien au cœur.

La peau est pâle, dans toute son étendue. Pas de traces d'éruptions antérieures. Pas d'adénopathie cervicale, ni axillaire. Urine, léger nuage d'albumine. Quantité notable d'urobiline, pas de sucre. Sang : N = 2,628,000, R = 1,498,416, G = 0,57, Rn = 1,705, B = 15,500. Température : hier soir 37°,4 ; aujourd'hui T. m. 37°,2 ; s. 38°,2.

Traitement : sirop de codéine et de tolu, potion à l'extrait de quinquina, cataplasmes sinapisés, ipéca.

23 mai : T. m. 37°,4, s. 37°,6.

Le 24. Même état. T. m. 37°,4. s. 38°,4. Suppression du quinquina. On donne : liqueur de Fowler, 3 gouttes.

Le 26. Diarrhée verte. Peau blême, verdâtre. T. m. 41°,2. Potion avec naphtol β 0,50 ; eau albumineuse ; acide lactique ; suppression du lait. Le soir, facies grippé, yeux enfoncés, abdomen douloureux, somnolence. Langue sale avec enduit verdâtre. Un peu de météorisme abdominal. Selles nombreuses, liquides, constituées par des matières verdâtres. Dyspnée. Mort à 4 heures du soir.

Autopsie. — Le 27 mai, 18 heures après la mort. A l'ouverture de l'abdomen, il s'écoule du péritoine une petite quantité de liquide citrin. Pas de gaz. Ballonnement considérable des anses intestinales et de l'estomac. Le foie déborde les fausses côtes d'environ un travers de doigt. La rate de 4 1/2 travers de doigt et arrive au contact de la crête iliaque. Pas de putréfaction.

Thorax. — Plèvres saines. Poumon droit, 80 gr., pas d'adhérences, coloration lie de vin dans les partie déclives, rosée dans les partie supérieures. Le parenchyme ne crépite plus en arrière et en bas. A la coupe, ces parties sont rosées, peu humides, sans sécheresse ; elles surnagent. Pas de tubercules dans le poumon, ni dans ses ganglions trachéo-bronchiques. Poumon gauche, 65 gr., pas d'adhérences. Même état des parties déclives qu'à droite. Pas de tubercules dans le poumon, ni dans ses ganglions. Bronches : injection de la muqueuse, dont les glandes sont tuméfiées et forment de petites saillies blanches. Trachée, lésions analogues. Thymus sain.

Péricarde. — Pas de liquide. Quelques taches ecchymotiques de la grandeur d'une lentille sur le feuillet pariétal. Pas de péricardite. Cœur, 10 gr. pas de lésions. Le trou de Botal admet une plume d'oie. Cœur arrêté en systole. Myocarde sain.

Foie. — Son hile est occupé par des ganglions assez volumineux, mous, se continuant avec ceux de la tête du pancréas. Poids, 400 gr., le tissu du foie est mou, sa surface lisse, pas de périhépatite. Couleur jaune grisâtre, avec quelques marbrures, dans les points qui supportent les moindres pressions. A la coupe même coloration. Pas de tumeurs. Pas de tubercules.

Rate. Enorme, presque aussi volumineuse que le foie, 230 gr. Surface ridée. Trace de périsplénite, caractérisée par des taches laiteuses, planes, plus ou moins étendues. Quelques adhérences du bord postérieur. Quelques filaments celluleux sont jetés sur les incisures de la rate. Dans le hile, ganglions volumineux, blancs et mous. A la coupe, parenchyme rouge uniforme. Pas d'amas blancs leucocytiques.

Reins. — 40 gr. chacun. Couleur normale. Un peu d'injection de la base des pyramides. Décortication facile. Rien aux calices, ni aux bassinets. Rien aux capsules surrénales.

Estomac. — Paraît sain, un peu d'auto-digestion de sa muqueuse. Intestin sain, sauf un peu de tuméfaction des plaques de Peyer; pas de psorentérie, pas d'injection de la muqueuse. Pancréas normal, 10 gr.

Les ganglions de la petite courbure de l'estomac sont sains. Leur volume est seulement un peu augmenté. Les ganglions du mésentère sont assez volumineux, le maximum de leurs dimensions est de 6 millim. de long, sur 3.

Crâne. — Pas de déformation. Fontanelle antérieure non ossifiée, 20 millim. /20. Postérieure fermée. Cerveau : 620 gr., normal, rien à la coupe. Rien au cervelet ni au bulbe, poids, 90 gr.

Moelle du fémur gauche : rouge, un peu diffluente.

Examen histologique. — Sang pendant la vie ;

1° Non coloré. Hématies inégales de coloration et surtout de grandeur. Pas de poïkilocytes. Absence de globules géants. Hématoblastes rares.

2° Coloré au bleu de méthylène. Globules blancs. Les formes à noyau segmenté dominent, d'ailleurs on en peut voir toutes les variétés : *a)* petit élément à noyau foncé ; *b)* globules volumineux à noyau pâle diffusé ou différencié, ceux-ci ronds ou palmés; *c)* globules à noyau segmenté de toutes formes ; *d)* leucocytes de Semmer. Je n'y ai jamais trouvé la kinèse.

B. Cellules rouges. Leur nombre est relativement très grand. La description de leurs formes est entièrement superposable à celle que nous avons faite dans l'observation XXI. Leur diamètre varie de 7 à 14 μ. On peut noter : des cellules à petit noyau, rond, foncé ; des cellules à noyau volumineux, pâle, arrondi et les intermédiaires entre elles et les précédentes ; des cellules à noyau karyokinétique (couronne équatoriale, diaster, noyau double avec peloton chromatique). Les formes karyokinétiques paraissent moins chargées d'hémoglobine que les autres. Enfin on trouve un nombre respectable de noyaux en trèfle.

3° Préparations avec double coloration au vert de méthyle et à l'éosine. La seule particularité digne d'intérêt c'est la constatation du fait que, tandis que le filament chromatique se teint en vert, la substance intermédiaire prend la coloration rose. La teinte des hématies est rouge saumon, celle des leucocytes rose franc et celle des cellules rouges est intermédiaire.

Pulpe des organes.

1° *Foie.* — Cellules rouges un peu plus nombreuses que dans le sang capillaire. Presque autant que dans la rate et dans la moelle des os. La plupart à gros noyau pâle. Assez grand nombre de noyaux doubles et de trèfles. Pas de kinèses visibles. Globules blancs plus nombreux que dans le sang.

2° *Rate.* — Cellules rouges un peu plus nombreuses que dans la moelle des os : la plupart à noyau unique et rond.

3° *Moelle des os.* — A côté des cellules de la moelle et des globules rouges on note des cellules rouges de toutes les formes, sauf la kinèse (cadavérisation). Un grand nombre d'elles sont très peu chargées d'hémoglobine. Beaucoup plus de graisse dans les préparations prises au milieu de la diaphyse que dans celles qui proviennent de ses extrémités.

Coupes des organes :

1° *Foie* (× 25 D.). — Absence de lobulation. Traînées de noyaux entourant les veines portes et les gros vaisseaux, il n'y a pas de ces vastes amas de petits noyaux ronds, comme dans le foie du fœtus (× 75 D.). Entre les travées hépatiques, on voit de petits noyaux ronds, siégeant dans les capillaires ou dans leur voisinage. Les travées mesurant 24 à 30 μ, sur 84 à 140. Capillaires : 12 à 18 μ de largeur.

(× 325, 525, 559 et 570 D.). A. Les gros vaisseaux, tous les éléments des espaces portes sont sains. — B. Les cellules hépatiques mesurent 13 à 16 μ. Leur protoplasma présente les réactions micro-chimiques ordinaires. Leur noyau de 6 μ 75 en moyenne, a ses caractères ordinaires. — C. Capillaires sanguins, cellules hématopoétiques. Les capillaires ont presque partout une paroi propre distincte. Ils contiennent des globules rouges et des éléments nucléés qui sont les uns des leucocytes, les autres des cellules rouges. Mais, l'hémoglobine étant en partie dissoute, la distinction entre les deux sortes d'éléments est délicate. La paroi des capillaires est d'une façon générale un peu épaissie. Les éléments hématopoétiques sont : a) de grandes cellules à noyau polymorphe. Elles mesurent 10 à 20 μ ; leur protoplasma incolore est finement granuleux ou hyalin, très différent de celui des cellules hépatiques ; leur noyau le plus souvent en boudin, coudé 1 ou 2 fois sur lui-même, peut aussi affecter la forme mamelonnée, la forme diffusée, ou bien se contourner en volutes. D'autre part, à côté du noyau en boudin, il peut exister quelques sphérules entourées d'un cercle pâle ; b) Si, dans ces éléments, il se développe des lignes de sépation entre les noyaux ronds, on obtient directement des amas de petites cellules hyalines. Mais ceux-ci sont toujours plus petits que dans les foies fœtaux.

Toutes les grandes cellules, les cellules à noyaux multiples, les amas de petites cellules ont des rapports de contiguïté avec les travées de cellules hépatiques d'une part, avec les espaces capillaires de l'autre, et de ceux-ci elles peuvent ne pas être séparées par une paroi distincte. Ainsi, les amas pourraient se déverser dans la circulation.

2° *Rate* (× 540 et 575 D.). — A. Réticulum, rien à signaler. — B. Gros vaisseaux, normaux. — C. Capillaires remplis de globules rouges presque tous sans noyaux. D. — Eléments cellulaires a :) Les cellules hématopoétiques sont généralement arrondies ou polyédriques à angles mousses. Elles occupent, seules ou à côté d'une autre cellule, une maille du réticulum. Protoplasma hyalin ou finement granuleux, de 8 μ 5 de diamètre, hémoglobinifère. Noyau de 3 μ 5, unique et arrondi, ou en voie de segmentation, ou même double. Réticulum nucléaire invisible. Pas de karyokinèses. Leur nombre est relativement grand; b) Cellules propes de la rate, mesurant 5 à 7 μ, avec un noyau de 4 μ 25 à 5 μ, clair, rond ou ovalaire; c) Cellules à grains éosinophiles, forment des petits groupes de 2 à 3 cellules, à noyau simple ou double, quelquefois contourné en boudin; d) Petits éléments de 3 μ. avec noyau rond de 2 μ 5, formant des amas arrondis, en coupe transversale, allongés en coupe longitudinale et mesurant 25 à 40 μ. Ces amas sont toujours en rapport avec les artérioles. Ils représentent les rudiments des follicules de Malpighi.

Observation XXIII. — *Anémie infantile pseudo-leucémique. — Cas douteux.* (v. Jaksch. Ueb. die Diagnose und Therapie des Erkrankungen des Blütes. *Prager med. Woch.*, 1890, p. 12 du tirage à part.)

Enfant de 11 mois, entre le 15 février 1889, avec anémie grave, tuméfaction dure de la rate, sans tuméfaction du foie. L'examen du sang montre une diminution énorme des globules rouges, un peu de poïkilocytose, pâleur des éléments, augmentation considérable du nombre des globules blancs sous toutes leurs formes.

Ce sang, examiné dans le liquide d'Hayem, présente une absence presque complète de plaquettes. Et dans les globules rouges on voit des figures fortement réfringentes, tantôt centrales, tantôt périphériques, tantôt accolées à angles aigus, et qui ne sont que des altérations de poïkilocytose. L'hémoglobine est tombée au-dessous de 4 gr. 0/0 avec l'appareil d'Hénocque, à 2 gr., 1 0/0, avec celui de Fleischl. N = 820,000, B = 54,000, rapport B/N = 1/15.

Dans les préparations colorées selon la méthode d'Heubner, on trouve des leucocytes renfermant des globules rouges ou des fragments de globules rouges, et de très rares leucocytes à grains éosinophiles.

L'enfant mourut peu après et à l'autopsie on trouva : déformation rachitique du crâne et des côtes, tuméfaction dure des ganglions lymphatiques, qui sont blancs à la coupe. Foie dur coloré en brun. L'examen histologique « des organes durcis dans l'alcool » montra l'absence de toute lésion leucémique du foie, de la rate, des reins et du cœur. La pulpe splénique contient de nombreux leucocytes pigmentés et de très rares globules transparents pâles.

Observation XXIV. — *Anémie infantile pseudo-leucémique. Guérison. — Cas douteux.* (v. Jaksch. Ueb. die Diasgnose und Therapie der Erkrankungen des Blutes. *Prager med. Woch.*, 1890, p. 13 du tirage à part).

M. G..., 19 mois, entre à la Clinique le 9 mars 1888. Tumeur splénique, foie non augmenté de volume, catarrhe des deux poumons, peau très pâle, un peu œdémateuse. Absence de déformation rachitique du crâne, un peu de tuméfaction des épiphyses des deux tibias et des côtes. Tuméfaction de presque tous les ganglions du corps. Coloration extrêmement pâle de la peau. Rien à l'ophtalmoscope.

9 mars	N = 1,380,000	B = 114,500	Rapport	1/12
11 »	N = 1,300,000	B = 43,333	»	1/30
12 »	N = 1,280,000	B = 58,181	»	1/22
13 »	N = 1,800,000	B = 90,000	»	1/20
18 »	L'appareil de Fleishl donne 2 gr. 1 0/0 d'Hb.			
30 »	N = 2,050,000	B = 10,250	»	1/50
5 avril	N = 3,500,000	B = 38,000	»	1/90
7 »	N = 2,816,000	B = 16,000	»	1/176
18 »	N = 2,640,000	R = 14,666	»	1/180
27 mai	N = 6,043,750	B = 50,000	»	1/120 pendant la digestion.

v. Jaksch donne ce cas comme un exemple d'anémie infantile pseudo-leucémique.

Observation XXV. — *Anémie infantile pseudo-leucémique — Forme intermédiaire entre ce syndrome et la leucocythémie vraie.* (v. Jaksch. Ueber Leukämie und Leukocytose im Kindesalter. *Wiener klin. Woch.*, nos 22 et 23, 1888.) (Un peu résumée.)

A. R..., garçon de 14 mois, fut amené au traitement externe de la clinique le 19 septembre 1888.

Diagnostic : catarrhe bronchique, laryngite, eczéma de la tête, tumeur splénique. L'enfant est extrêmement pâle.

27 septembre. Voix rauque, rhagades aux angles de la bouche, entre la luette et l'amygdale droite, un petit dépôt jaunâtre.

4 octobre. Même état.

3 novembre. Pâleur un peu améliorée.

Le 26. L'enfant est admis à la Clinique.

Anamnèse. — En nourrice depuis 3 mois, alimenté au lait de vache. Le 25 il est pris de fièvre et de dyspnée.

État actuel. — Crâne normal, fontanelles fermées, face bouffie, pannicule adipeux modérément développé, lèvres un peu cyaniques, muscles mous, pas de paralysies. Abdomen proéminent, rate énormément tuméfiée, nettement visible, ganglions du cou, de l'aisselle et des aines durs, tuméfiés.

Sang, 27 novembre. (Sang du doigt dans liquide de Hayem) : globules rouges très pâles, nombre diminué. Poïkilocytose nette, globules blancs augmentés de nombre, les leucocytes volumineux l'emportent. Le 28 on trouve : 3,380,800, B = 84,000, rapport 1/40. Hb. d'après appareil d'Hénocque = 5 gr. 6 0/0, d'après Fleischl 6 gr. 4 0/0. Pas d'augmentation notable des cellules éosinophiles.

Urine (29 novembre). — Claire, amphotère, diacéturie, sérine, pas de peptones, pas d'albumose, pas de sucre. Selles (29 novembre) moulées, terre glaise, avec coloration rose chair, grumeaux verts au centre. Réaction alcaline. Bilirubine, peu d'urobiline. Beaucoup de graisses et de cristaux d'acides gras, rares cellules épithéliales de l'intestion, pas d'helminthes, ni de leurs œufs.

Le 29. L'enfant se couche de préférence sur le ventre. Cœur : choc de la pointe invisible, mais senti dans le 5e espace en dedans du mamelon, matité cardiaque pas nette, bruits normaux à tous les orifices. Poumon : percussion normale, respiration vésiculaire, quelques râles à droite et en arrière. Tousse de temps en temps. Foie : bord inférieur bien perceptible, surface lisse. Matité commence à la 3e côte ; hauteur de la matité : ligne mamelonnaire 9c, ligne parasternale 8c,1/2, ligne médiane 5c. Rate : visible et palpable, sous forme d'une grosse tumeur, descendant fort bas dans l'abdomen. La matité mesure dans sa plus grande longueur 9c, sa largeur au-dessous des côtes est de 10c.

Sang (30 novembre). Leucocytose très considérable, sang trouble, rouge clair.

Du 26 novembre au 16 décembre, il existe de la fièvre. C'est une fièvre très irrégulière à grandes oscillations s'élevant tous les 2 à 3 jours, le soir à 39° ou 40° et redescendant à la normale ou même un peu au-dessous dans les intervalles. En même temps le pouls et la respiration présentent du 27 novembre au 2 janvier les mêmes caractères d'irrégularité extrême, au point de vue du nombre. L'évolution morbide n'est pas modifiée, un nouvel examen de l'urine montre des traces d'albumine. Sang (6 décembre 1888) N = 4,500,000, B = 90,000, rapport : 1/50, Hb. (Hénocque) 5 gr. 4 0/0. Hb. (Fleischl) 6 gr. 3 0/0.

Du 17 au 27 décembre, pas de fièvre, température entre 36° et 37°. Pas de modification de l'état général. Pas d'augmentation de la rate, mêmes signes de catarrhe pulmonaire. Du 28 décembre au 3 janvier, nouvelles élévations thermiques. Le 31 décembre, augmentation du volume de la rate. L'enfant est repris le 2 janvier 1889.

Pendant ce temps, le traitement consista en l'administration de 2 millig. de phosphore par jour, l'enfant prit donc du 30 novembre au 19 décembre, 38 milligr. de phoshore. Puis il fut soumis aux ferrugineux. Ces deux préparations furent sans influence notable sur le cours de la maladie.

Le poids de l'enfant fut pendant cette période de 7 kilog. 5. Les selles (1 à 2 par jour) étaient normales, de couleur et de composition, à l'exception du jour où elles ont été examinées.

Le 4 mars 1889, l'enfant est ramené à la Clinique. Sang : N = 2,310,000, B = 130,000, rapport 1/18, Hb. (Hénocque) 3 gr. 7 0/0, Hb. (Fleischl) 4 gr. 9 0/0.

État actuel, au 5 mars. — Enfant de taille normale, très pâle. Pannicule adipeux et musculature peu développés. A la tête, plusieurs grosses croûtes, cheveux rares. A l'angle droit de la bouche, large croûte saignante. Léger œdème aux dos des pieds. Tuméfaction des ganglions du cou, des aisselles et des aines. Peau chaude. Pointe du cœur bat dans la 5e espace sur la ligne mamelonnaire. Bruits normaux. Poumons normaux. Foie déborde nettement l'hypochondre (4 cent. sur la ligne mamelonnaire). Abdomen tendu, saillant, matité profonde. Circonférence à l'ombilic, 46 cent. Rate, dans le décubitus dorsal, arrive à 1 cent. à gauche de l'ombilic, à 2 cent. du ligament de Poupart ; elle est ferme, accompagnée de masses dures. Le sang dans le liquide d'Hayem, donne : diminution de nombre des globules rouges, très pâles, extrême poïkilocytose, leucocytes augmentés de nombre, quantité modérée de plaquettes.

6 mars. Dans l'urine, très peu de sérine, pas de peptones, pas d'albumose, un peu d'indican, réaction nette de la créatine de Weil, pas d'acétone, pas de glycose. Sédiments très abondants.

7 mars. Œdème, surtout au visage et aux membres inférieurs. Pétéchies. Le reste comme dessus. Testicule gauche tuméfié. Même résultat pour le sang. Urine semblable.

8 mars. Augmentation de l'œdème. Rate énorme, remplit la partie gauche de l'abdomen. Vers la ligne médiane, ses limites sont indécises, elle se continue avec une tumeur inégale. On la limite aisément vers la colonne vertébrale. Sa plus grande longueur est de 14 cent., sa plus grande largeur de 10.

9 mars. Sang : N = 2,500,000, B = 192,000, rapport : 1/13, Hb. (Hénocque) 3 gr. 4 0/0, Hb. (Fleischl) 3 gr. 7 0/0.

10 mars. Même état. Dans les selles beaucoup de graisse, pas d'helminthes, ni de leurs œufs.

11 mars. Râles à grosses bulles dans les deux poumons.

Le 13. Il meurt subitement à 2 h. soir, dans les convulsions.

La température a été modérément fébrile, le pouls s'est accéléré jusqu'à 170 dans les derniers jours. Les selles ont été continuellement diarrhéiques.

Le traitement a consisté dans l'administration de 1/2 millig. d'arséniate de soude par jour.

Autopsie, faite le 14 mars par le professeur Eppinger. — Cadavre d'un enfant de 20 mois, très amaigri, ventre tendu, région scrotale droite distendue par le testicule tuméfié. Crâne modérément gros, très poreux, piemère très pâle. Cerveau petit. Rien à signaler, non plus qu'au cervelet, à la protubérance et au bulbe. Dans le sinus basilaire sang aqueux, gelée de groseilles avec caillots mous. Muscles pâles. Poumons adhérents. Péricarde peu adipeux, contient beaucoup de liquide clair. Cœur, sans graisse, contient du sang très clair, avec de rares caillots. Myocarde pâle, un peu jaunâtre, cassant, valvules normales.

Plèvre, petites ecchymoses très nombreuses. Poumon gros, sans air, œdématiés. Muqueuse bronchique très pâle. Ganglions bronchiques très tuméfiés, succulents, couleur gris pâle. Les ganglions médiastinaux sont également tuméfiés.

Muqueuse du pharynx tuméfiée, très pâle, de même que le larynx. Rate 430 gr., 18 cent. sur 12 et 6. Capsule très tendue. Tissu très mou, gris pâle. Capsules surrénales petites, pâles. Reins de volume moyen, capsule mince, surface lisse très pâle semée de quelques foyers rouge sombre et striés de blanc, pénétrant en cônes dans la substance corticale. Pyramides légèrement violettes. Ganglions du hile du foie tuméfiés. Dans l'estomac, beaucoup de bouillie alimentaire, paroi épaisse, muqueuse tuméfiée, lisse et très pâle. Ganglions mésentériques d'autant plus gros et plus succulents qu'on se rapproche davantage de la racine du mésentère. Dans le gros intestin, un peu de fèces diarrhéiques. Dans l'intestin grêle, muqueuse uniformément épaissie, saillie des plaques de Peyer et des follicules solitaires, très pâle. Dans la veine porte, sang gelée de groseilles. Parois normales. Foie, 500 gr., longueur, 20 cent., épaisseur lobe droit, 9 cent., gauche, 10 cent., largeur, lobe droit, 15 cent., gauche 10 cent. Surface lisse, parcourue çà et là d'injections étoilées. Tissu homogène, cassant, jaune gris, pâle, succulent. Dans les vaisseaux, sang gelée de groseilles. Vésicule biliaire fortement tendue.

Dans la tunique vaginale du testicule droit, beaucoup de liquide clair. Testicule correspondant gros, mou, pâle. Testicule gauche, même état. Dans la vessie, beaucoup d'urine claire, jaune, pâle. Os, tous ceux qui ont été examinés étaient exempts d'altérations rachitiques, moelle des corps vertébraux très pâle, gris blanchâtre. Moelle du fémur droit rouge pâle, succulente, caractéristique de la leucémie.

Examen histologique (Eppinger). Coupes faites au microtome à congélation, ou bien sur des pièces durcies dans l'alcool ; coloration au picrocarmin, ou à l'hématoxyline. Foie. Dilatation considérable des vaisseaux sanguins, surtout dans l'intérieur des acini, avec réplétion complète par des cellules blanches, qui sont également disposées régulièrement et en abondance autour des vaisseaux. De là, élargissement des espaces intercellulaires et compression des cellules hépatiques. En des points très nombreux, soit en dedans, soit en dehors des acini, accumulation en foyers de cellules blanches, formant des infarctus leucémiques. Reins. La substance corticale seule y est altérée : mêmes conditions que dans le foie. L'accumulation des cellules blanches en dedans et en dehors des vaisseaux est surtout frappante sur les vaisseaux droits. Dans les foyers coniques, accumulation sous forme d'infarctus de globules rouges et blancs dans le tissu interstitiel. Glomérules normaux. Rate et ganglions. Macroscopiquement et microscopiquement tableau typique des altérations leucémiques, en particulier accumulation de cellules blanches, dans les sinus lymphatiques et les follicules. Dans l'intestin grêle, villosités saillantes, remplies de cellules blanches, à un tel point que les glandes paraissent comprimées. Augmentation considérable du volume des follicules. Cœur : vaisseaux du myocarde remplis de cellules blanches, et par places, environnés d'une couche de ces cellules. Myocarde normal. Moelle des os : Multiplication des cellules incolores, parmi lesquelles se trouvent les formes grosses et petites, serrées les unes contre les autres. A côté de cela, éléments ordinaires de la moelle, cellules contenant des globules rouges, cellules nucléées à protoplasma coloré et grosses cellules rondes fortement granuleuses (globules blancs graisseux). Absence complète de cellules adipeuses.

Observation XXVI. — Donnée sous le titre de leucémie splénique. (Koblanck, *Zur Kenntniss des Verhaltens der Blutkörperchen bei Anämie etc.*, I.-D. Berlin, 1889, p. 27.)

Hugo Str..., 11 mois, petit enfant débile extrêmement pâle. Rate facile à palper. Le malade outre sa leucémie (?) est atteint de broncho-pneumonie. N = 1,257,000, B = 19,000, rapport 1/66.

TABLE DES MATIÈRES

TROISIÈME PARTIE

DIAGNOSTIC ET TRAITEMENT DES ANÉMIES DE LA PREMIÈRE ENFANCE

IMPRIMERIE LEMALE ET Cie, HAVRE

PLANCHE I

Fig. 1. — Grande cellule hématopoétique dans le foie du chien n° 1.

Fig. 2 et 3. — Grandes cellules à noyau polymorphe dans le foie du chat n° 6 ; en 3 elle est divisée en petites cellules claires et l'amas est abordé par un capillaire.

Fig. 4, 5 et 6. — Cellules à noyau polymorphe de la moelle des os du chat n° 3.

Fig. 7 et 8. — Cellules rouges du sang du foie du fœtus 1.

Fig. 9. — Une cellule en karyokinèse du foie du fœtus 1.

Fig. 10. — Une grande cellule hématopoétique et un amas de petites cellules hyalines du foie du fœtus 1.

Fig. 11. — Amas de petites cellules hyalines en rapport avec un sinus sanguin, du foie du fœtus 1. — Des cellules à grains éosinophiles sont mélangées aux cellules de l'amas.

Fig. 12 et 13. — Grandes cellules hématopoétiques dans le foie du fœtus 4.

Fig. 14. — Amas de petites cellules hyalines en voie de dissociation, foie du fœtus 4. La partie centrale de l'amas est déjà canalisée.

Fig. 15, 16, 17 et 18. — Cellules rouges, dont 3 en karyokinèse, dans le sang capillaire, d'un cas de syphilis héréditaire avec mégalosplénie (obs. XVI).

Fig. 19. — Une cellule rouge au repos, type moyen ; sang capillaire dans un cas de rachitisme (obs. XIX).

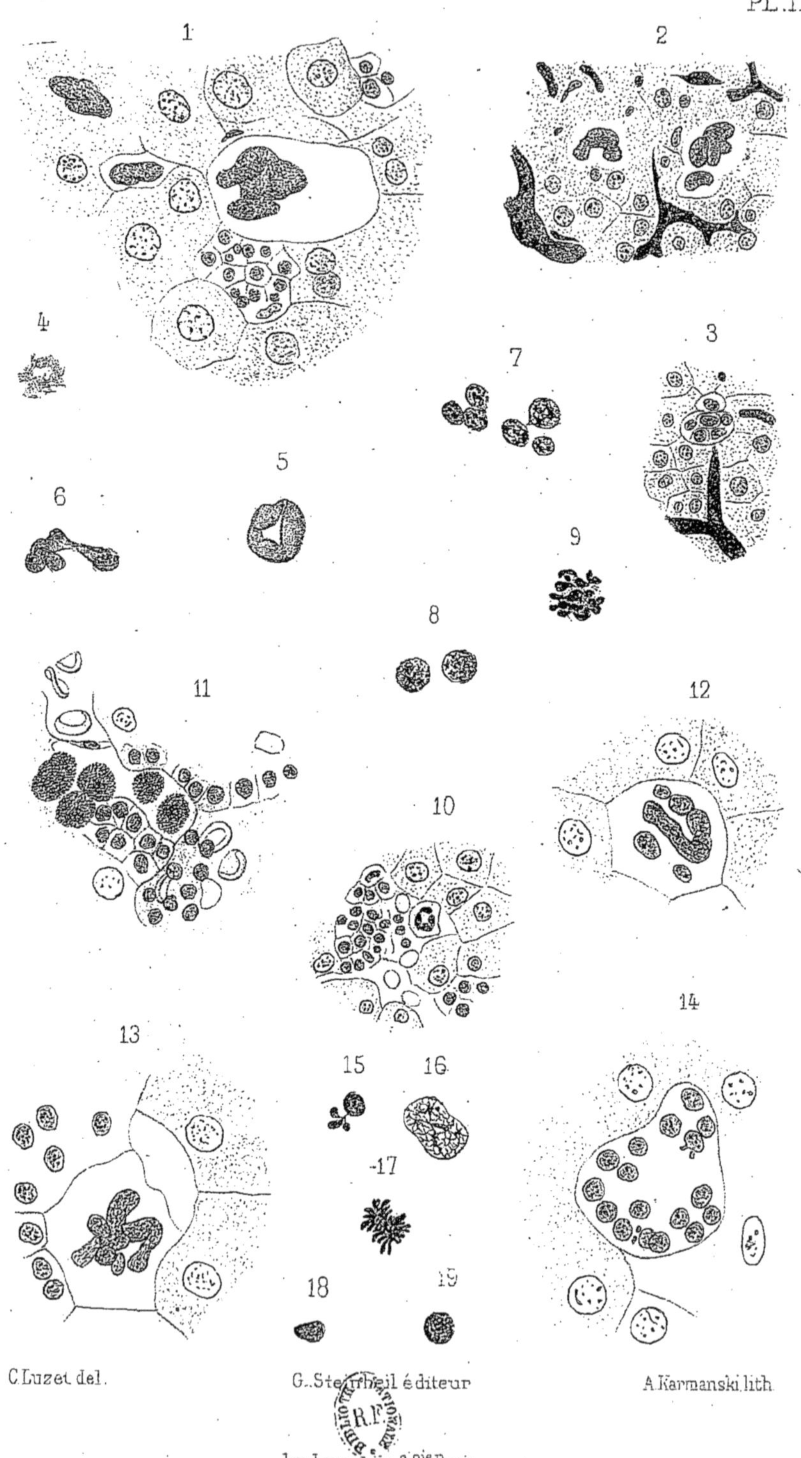

C. Luzet del. G. Steinheil éditeur A. Karmanski lith.

Imp. Lemercier & Cie Paris.

PLANCHE II

FIG. 1 et 2. — Cellules hématopoétiques dans la rate (obs. XVI, syphilis avec mégalosplénie).

FIG. 3, 4, 5 et 6. — Différentes formes de cellules hématopoétiques rencontrées dans le foie de l'obs. XXII (anémie infantile pseudo-leucémique).

FIG. 7 et 8. — Formes de division de ces cellules (obs. XXII).

FIG. 9. — Un point du système lacunaire sanguin de ce foie.

FIG. 10, 11, 12 et 13. — Différentes formes de cellules rouges de la rate de l'obs. XXII

FIG. 14, 15 et 16. — Cellules rouges avec noyau à l'état de repos, à divers degrés d'évolution, sang capillaire de l'obs. XXII.

FIG. 17, 18, 19, 20, 21, 22, 23, 24, 25 et 26. — Cellules rouges en voie de division, la plupart d'entre elles renferment indubitablement des figures de mitose (sang de l'obs. XXII).

FIG. 27, 28, 29, 30, 31, 32 et 33. — Cellules rouges du sang de l'obs. XXI, la plupart renfermant des figures de mitose. En 27 on voit bien la lobulation vague qu'offre le noyau à l'état de repos.

PL. II

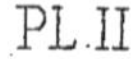

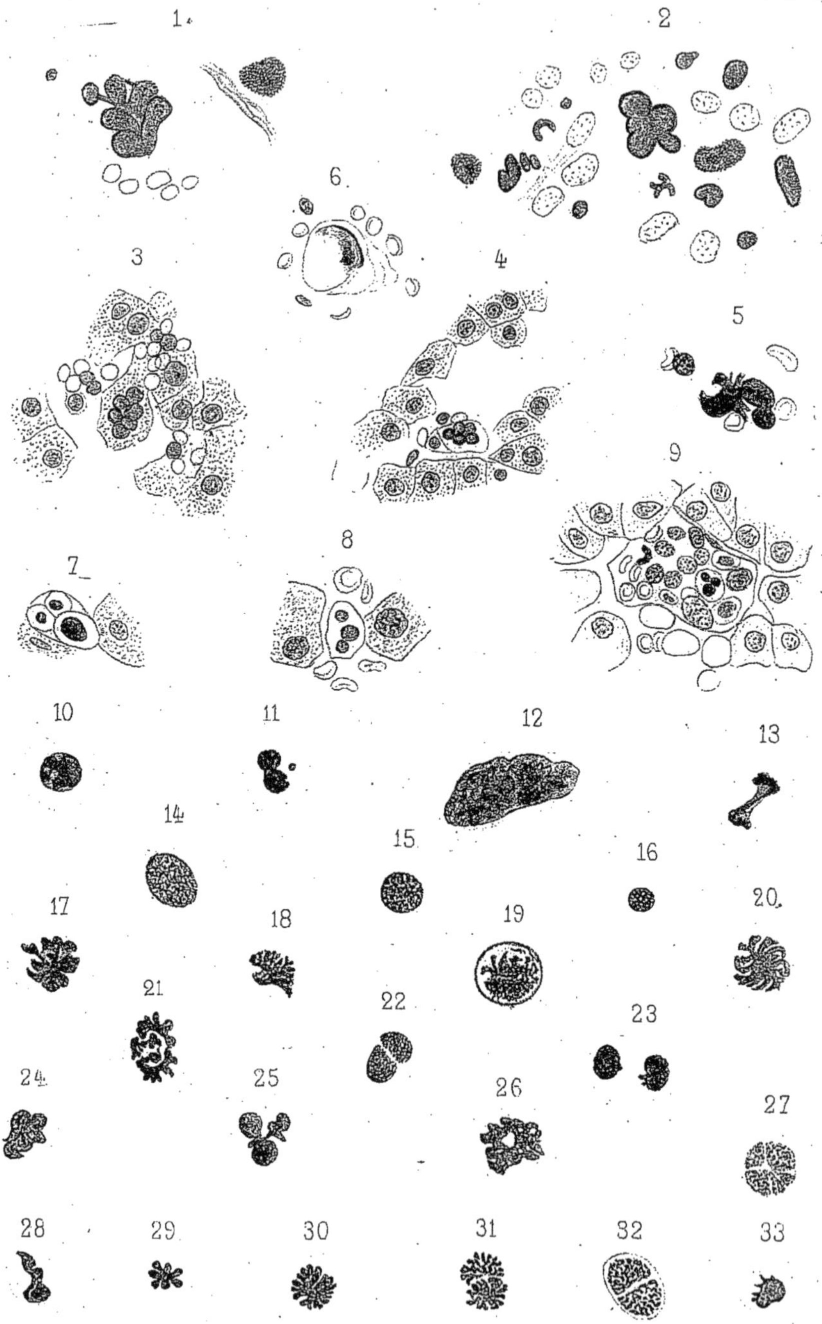

C. Luzet del. G. Steinheil éditeur A. Karmanski, lith

Imp. Lemercier & Cie Paris.

A LA MÊME LIBRAIRIE

IMPRIMERIE LEMALE ET Cie, HAVRE

www.ingramcontent.com/pod-product-compliance
Ingram Content Group UK Ltd.
Pitfield, Milton Keynes, MK11 3LW, UK
UKHW022100190726
13855UKWH00002B/563

9 782013 579490